别和自己较劲

自醒导师的内耗破解
与内核升级指南

王梅 著

中国科学技术出版社
·北 京·

图书在版编目（CIP）数据

别和自己较劲：自醒导师的内耗破解与内核升级指南 / 王梅著 . -- 北京：中国科学技术出版社，2025.9（2025.11 重印）. -- ISBN 978-7-5236-1493-8

Ⅰ . B842.6-49

中国国家版本馆 CIP 数据核字第 2025CD2816 号

策划编辑	李　卫	**责任编辑**	孙倩倩
封面设计	东合社	**版式设计**	蚂蚁设计
责任校对	邓雪梅	**责任印制**	李晓霖

出　　版	中国科学技术出版社
发　　行	中国科学技术出版社有限公司
地　　址	北京市海淀区中关村南大街 16 号
邮　　编	100081
发行电话	010-62173865
传　　真	010-62173081
网　　址	http://www.cspbooks.com.cn

开　　本	880mm × 1230mm　1/32
字　　数	137 千字
印　　张	7.25
版　　次	2025 年 9 月第 1 版
印　　次	2025 年 11 月第 3 次印刷
印　　刷	大厂回族自治县彩虹印刷有限公司
书　　号	ISBN 978-7-5236-1493-8
定　　价	59.80 元

PREFACE

前　言

亲爱的读者，当你打开这本书的时候，你要相信，你已经迈出了停止内耗的第一步。

什么是内耗呢？在这个物质充裕的时代，我们享受着前所未有的丰衣足食，而我们的精神世界却似乎越来越贫瘠，常常被各种人际关系和情绪问题裹挟，内心的焦虑总是如影随形，我们会疲惫不堪、缺乏自信、拧巴纠结、自我怀疑、自我否定、能量低迷等，这一系列的表现就是所谓的精神内耗，以下简称内耗。

这本书旨在帮助你深入了解内耗，并找到属于自己的解决方案。

内耗的真相

当你陷入内耗中时，会做些什么？

我来猜猜看，你是不是会阅读各种心灵鸡汤式的文章、茫然地刷一些放松治愈的视频或者找亲密好友倾诉来寻求慰藉，但你有没有发现，这些方式往往只是短暂的一次性安慰或放松，它们只能暂时缓解你当下的情绪和感受，却不会从根本上终止内耗，你仍然会因其他各种事情而反复纠结、焦虑，反复内耗……这是因为，我们总是搞错一个真相：我们总以为自己的内耗是由糟糕的事件或他人的言行导致的，但事实上这只是表象。

其实我们需要对抗的内耗，并不是一种简单的情绪波动，也不是一次性的冲突和困扰，而是一种深层次的精神状态。另外，内耗的根源并非外界事物或他人的言行，而是我们长期的习惯性思维方式和行为模式，它们已深植于我们的日常行为中，形成了内耗的特质。简而言之，内耗如同我们的个性一般，并非朝夕之间就能改变。

因此，反内耗不仅是处理一次性困扰的挑战，更是长期积极的生活方式的养成。要终结内耗，我们需要做的是重建思维方式，并通过刻意训练来获得自己的内核能力——我们要知道，我们的大脑是具有可塑性的，通过训练和实践，可以改变它处理信息的方式。这意味着我们可以通过有意识的努力，改变看待问题的角度，从而逐渐塑造豁达的性格。

所以，我们需要建立一套全新的、自我觉醒的思维体系来应对内耗，这套体系不仅能够帮助我们认识到内耗的根源所在，更能引导我们获取切实可行的自我训练方法，从而终结内耗。

作者初心

作为一名执业多年的反内耗训练导师，在对私教学员们的观察与陪伴的时光中，我见证了太多学员在内耗的旋涡中挣扎。他们或许在原生家庭的阴影中成长，或许在婚姻生活中迷茫疲惫，或许在职场微妙的人际关系中感到力不从心，或许在外界的抨击打压中一次次否定自己、质疑自己。但无论何种情况，他们都有一个共同的期望：停止内耗，找回那个充满活力和能量的自己。

在指导中，我给予他们切实可行的训练建议，帮助他们找到停止内耗的方法，让他们越来越自洽、平和、清醒、强大，不再轻易为他人言行所困。我见证了无数学员由内而外的蜕变——他们获得了强大的内心力量，越来越自洽和平和，越来越能够轻松自如地面对各种人际关系和情绪困扰，他们在平凡的生活里活出了自己的生命力。

而真正的改变并非来自外界的慰藉，而是源于自我觉醒和成长。于是，我着手撰写这本书，希望它能够为身处内耗困境中的朋友提供一盏明灯，指引他们走出迷雾，重拾自我。为了更准确地剖析内耗问题并提供有效的解决方案，我结合了多年过往学员们的真实案例研究——这些案例涵盖了不同年龄段、职业背景和家庭状况的学员，整理并总结出一系列反内耗的心法和路径，融汇在这本书中。这些方法不是空洞的理论，而是实实在在可以操作的步骤和技巧。我希望这本书能够帮助每一位正在经历内耗的朋友，找到适合自己的解决方案。

总而言之，这本书不仅是一本反内耗指南，更是陪伴你成长的精神导师。它会帮助你学会如何巧妙应对他人引发的内耗，消融自我情绪内耗，化内耗为动力，实现自我跃升。

本书适合对象

这本书适合所有经常焦虑拧巴、容易纠结想太多的内耗者，尤其是正在面临种种关系冲突或自我情绪困扰的群体。比如曾遭受原生家庭创伤，或在婚姻、亲子关系中备受困扰，或属于讨好型人格、具有高敏感特质，以及自我价值感低、缺乏自我认同感的朋友，他们可能会经常关注自我成长类的书籍或影视作品，那么这本书将为其提供有力的支持和指引。

无论你是在职场上努力拼搏的奋斗者，还是享受于照顾家庭成员的朋友，这本书都将为你提供宝贵的启示和帮助。它不仅将改变你的思维方式，还将引领你走出心灵的迷雾，让你在生活中更加快乐与自由，你将学会如何勇敢面对内心的恐惧和不安，以更加自信、坚定的姿态面对生活中的各种挑战。

阅读建议

在本书第一章，我们会深入剖析内耗的本质，让你了解那些总在无形中侵蚀你的小事，并带你洞穿和拆解内耗的本质，你会了解到，内耗的产生并不是源于某件事，而是人与人之间的关系，不仅包括自己与他人之间的关系，也包括自我关系。

在第二章到第四章，我们将根据不同类型的内耗源提供具体实用的心法技巧和训练方法。这些方法并非空洞的理论，也不是纸上谈兵，而是我多年指导经验的结晶。它们将帮助你建立全新的思维模式，训练出强大的内心，让你在面对内耗困境时能够游刃有余地应对。

例如，我会教你如何过滤无谓的冲突和负面情绪，明确个人底线并学会拒绝他人的无理要求。同时，我也会分享一些影响他人的实用策略和方法，让你在与人沟通时更加得心应手。此外，书中还会提供具体的情绪降温法和行动指南，帮助你在遭遇情绪冲击时尽快恢复冷静和理智，能够克服对过去的沉溺和对未来的恐惧，用行动化解情绪并找回思考力，以及如何将内耗转化为自我提升的契机，如何通过自我审视和培养实现内在跃升。在最后一章中，我为大家总结了一整套思维体系的框架和心法训练的路径，让你更清晰而全面地掌握反内耗思维训练的方法论和践行路径。

这些内容都是基于我多年的实践经验和深入研究得出的结论，每一个章节、每一个心法技巧都是经过我反复推敲和验证的，为了确保内容的准确性和易读性，我多次修改稿件、调整结构，并邀请专业人士进行审阅并提出建议。最终，这本书得以呈现在大家面前。我衷心期待，每一位翻开这本书的朋友，都能从中获得实质性的改变与成长，散发属于自己的独特光芒。

让我们一起踏上这段旅程，在反内耗的道路上勇往直前。当然，在这条路上你并不孤单，我会一直陪伴着你，与你共同成长、共同进步。

CONTENTS

目 录

5 第五章 总结反内耗路径

第一章

揭秘本质：内耗背后的真相

CHAPTER 1

在现代社会中，每个人都可能在无形中承受着某些心理压力，并由此导致自我消耗、犹豫不决、过度担忧和自我怀疑等。这不仅影响我们的工作和生活，还可能损害我们的心理健康。更好地认识自己，有助于有效地减轻内耗带来的负面影响。以下是一份内耗程度检测表（见表 1.1），想要知道自己容易陷入哪种程度的内耗，可以通过该表来评估一下，以便于更准确地把握自身情况。通过这个测试，你可以更清晰地了解自己在不同层面上的内耗程度，本章将帮助你了解表象背后的内耗本质，接下来的章节将深入探讨如何识别和改善内耗关系，帮助你找回内心的平静和活力。

表 1.1　内耗程度检测表

序号	测试问题	总是	经常	有时
1	在亲密关系中，你是否经常感到沟通困难或不被理解？	3 分	2 分	1 分
2	你是否在家庭中经常感到压力或冲突？	3 分	2 分	1 分
3	当面对挑战或变化时，你是否容易感到焦虑或恐慌？	3 分	2 分	1 分
4	你是否经常因为小事而感到过度担忧？	3 分	2 分	1 分
5	你是否经常感到自己不够好或缺乏自信？	3 分	2 分	1 分
6	你是否经常将自己的价值与他人比较，感到自己不如人？	3 分	2 分	1 分
7	当你没有达到自己的期望时，是否会感到自我价值低？	3 分	2 分	1 分
8	你是否经常为了取悦他人而牺牲自己的需求？	3 分	2 分	1 分

续表

序号	测试问题	总是	经常	有时
9	你是否对他人的看法或评价特别敏感?	3 分	2 分	1 分
10	你是否经常在社交场合中感到不安或担心被评判?	3 分	2 分	1 分
总分范围	评分结果：将所有题目的分数相加，得到你的总分			
24~30 分	你可能在多个方面经历了较高的内耗，需要专业的指导和支持来应对这些挑战			
18~23 分	你可能存在中等程度的内耗，需要进一步的调整或通过相关策略来改善			
11~17 分	你在某些情况下可能会经历一些内耗，但总体上能够管理好自己的情绪和关系			
10 分及以下	你的精神状态较为良好，内心较为平和			

第一节　内耗清单：那些悄然侵蚀你的小事

内耗往往隐藏在日常生活的细节之中，可能是一次无意义的争吵、一种纠结的情绪，或者是一段无法释怀的过往，抑或是对未来的焦虑和恐慌。它不同于体力劳动或脑力劳动所带来的疲惫，而是一种源自内心深处且难以名状的沉重感。那些易让我们陷入内耗的无数小事，如同一只只隐形的手，时刻拉扯着我们的神经，让我们在应对外界挑战时倍感无力，侵蚀着我们的精力和幸福感。

接下来，我将逐一剖析那些在生活中悄然侵蚀我们内心的常见经历，剖析它们是如何让我们陷入无尽内耗的。从日常琐事的累积压力，到人际关系中的误解与冲突；从职业发展的瓶颈与竞争焦虑，到个人成长道路上的自我怀疑与不安。每一段看似微不足道的经历，日积月累，逐渐磨损我们的精力与信心，削弱我们面对挑战的勇气和面对生活的热情。通过深入了解这些经历的本质及其影响机制，我们就可以找到打破内耗循环的方法，重拾内心的平静与力量，让生活回归应有的美好与从容。

原生家庭的心结

有些人因深受原生家庭的创伤而无法自洽，内心总是充满矛盾和挣扎。他们可能曾长期遭受父母的忽视、误解、偏见、嫌弃、蔑视、不尊重或各种不公平的对待，最常见的现象是很多内耗者从小受到原生家庭的打压、否定和各种习惯性的指责。

比如，你取得成绩时，父母会“泼冷水”，让你不要得意；你难过伤心时，他们责骂你太脆弱；你受挫时，他们嘲讽你没出息。无论你做什么，他们都会习惯性地质疑和表示不屑，无法给予充分的鼓励、共情和陪伴。这种成长环境可能会促使你形成自我否定型人格，成年后在工作和生活中都过度在意别人的眼光和评价，总觉得自己做得不够好，出现强烈的不配得感，时常感到自卑和沮丧。

原生家庭的内耗会让我们陷入痛苦的循环中，既想摆脱过去的阴影，又无法割舍与父母的情感纽带。这种拧巴和痛苦不仅会影响心理健康，还会渗透到人际关系和工作中。

家庭关系的经营

家庭关系的经营，往往是内耗的一大源头。在现实生活中，一些人与家人之间由于各种原因逐渐疏远，关系变得紧张，甚至产生失望情绪。

比如，与伴侣之间，因无法接受对方的某个习惯，总是一味想改变对方，却让彼此感觉无比疲惫；与孩子之间，你明明想做个温柔的妈妈，但面对孩子无休止的哭闹，身心疲惫的你会忍不住大吼，以此让孩子停止哭闹。事后你又总会陷入深深的自责和懊悔中，质疑自己为何如此失控；与老人之间，由于生活习惯、价值观念等差异，在日常生活中总会出现各种摩擦和矛盾。

看起来无比寻常的家庭矛盾，往往是现代家庭中常见的内耗根源。特别是一些女性往往会因为在家庭需求和自我需求中难以取舍而备受煎熬，经常会面临自我妥协的窘境，这让她们总是深陷疲惫与失望中，会越来越压抑，甚至想要逃离。

职场社交的暗流涌动

职场，对于很多人来说是一个充满挑战和机遇的地方，也是一个能够实现和发挥个人价值的舞台。然而，复杂而微妙的职场人际关系却常常让人头疼不已，你可能会遇到各种棘手的情况。

比如，你可能会遭遇明嘲暗讽或打压，那些负面的言语和行为无疑会损害你的自尊心和积极性；你可能会面临一些总是过度越界或喜欢占便宜的同事，而你往往会因不好意思拒绝对方而陷入内耗；你可能会面临同事之间的排挤孤立，这让你感到孤独和无助；又比如你可能会面临恶意或不当的竞争，有的人为了个人利益而不择手段，让你在工作中倍感压力；你可能会面临领导的苛责，这更是让你感到无力和不满，仿佛你的付出和努力都未得到应有的回报。

这些糟糕的经历和感受不仅会影响你的工作效率和职业发展，还会严重损害你的情绪和心理健康。长期处于这样的环境中，你会感到自己仿佛陷入了一个无法挣脱的泥潭，越挣扎越无力。

讨好型人格的困扰

讨好型人格是一种常见的心理现象，表现为过度迁就他人、害怕拒绝别人、缺乏自我主张等。具有讨好型人格的人，往往在生活中处处碰壁，因为他们总是习惯于把别人的需求放在第一位，总是想要满足他人的期待，却因此忽视了自己的真实需求。

比如，在工作中，你可能会主动承担额外的任务以取悦同事和上司；在生活中，你总是过度压榨自己的时间和空间去满足朋友或家人的需求；在社交关系中，你不好意思拒绝别人，不敢表达自己的真实意愿，总是一味妥协自己去满足他人的要求；或者在群体中，你会为了迎合和讨好他人而强迫自己做不喜欢的事情。

然而，这种讨好行为并不会让你感到快乐和满足，反而会让你越来越疲惫和沮丧，让自己陷入无尽的压抑与委屈中。

高敏感性情的桎梏

高敏感性情的人，对外界的刺激和反应总是异常敏锐和强烈，情绪也非常容易被他人影响。

比如，你可能会因为别人随意的一句话、一个眼神、一个表情而陷入深深的纠结和焦虑中，反复纠结自己是不是做错了什么，对方是不是对自己有意见。你总是害怕被误解、被讨厌，从而总是陷入自我怀疑和否定中。

敏感是一种天赋，但是如果不能很好地处理自己的敏感，不仅会让自己的情绪变得起伏不定，还会影响社交和人际关系，最重要的是会让自己处于持续性的内耗状态。

对过去的沉溺

生活中，总有一些人难以摆脱对过去的沉溺，无论是过去错误的决策还是曾经的辉煌。对某些失误的过度纠结和反刍，反复回想并不断懊恼自己当时的决定；过度沉溺于过往的成绩或美好，当现实与过去形成鲜明对比时，你往往会对当下的生活状态感到不满和厌弃。

你可能由于一次错误的决定而失去了某个项目，在之后很长时间里，总是反复懊悔自己为何会做出那样的决策，不断地质疑自己的能力，沉溺于过去的错误中无法释怀，甚至无法建立信心面对新的挑战。抑或是，由于一场大病，你的身材严重走形，面貌发生了很大变化，于是你长时间沉浸在对往日美丽形象的怀念和比较中，从而无比厌弃当下的自己，不敢面对自己现在的样子。

无论是懊悔过去还是沉迷于过去的回忆，对过去的过度沉溺都是一种内耗。这种对过去的过度关注会让人陷入消极的情绪旋涡中，无法全身心地投入当下的生活和工作中。

对未来的焦虑

有些人总是容易陷入对未来的恐惧和焦虑中。他们常常担心未来可能遇到的种种挑战，对于还未发生的事情感到极度不安。这种担忧可能源于对未知的恐惧，或者是对自身能力和应对的挑战缺乏信心。

比如，你总是担心会衰老、外貌变丑或体重增加，有饮食焦虑、厌食或体重焦虑；总是担心伴侣会出轨；总是害怕会失业；担心孩子将来考不上好的大学。尽管很多时候，这些担忧的事情可能并不会发生，或者即使发生了，也有相应的解决方法，但你仍然无法摆脱这种焦虑的情绪。

这些对未来的恐惧和焦虑，实际上是一种过度的担忧。因为过度焦虑并未发生的事情，会影响自己当下的行动和努力，也会导致自己在面对真正的挑战时感到更加无助和恐惧。

自我价值感的匮乏

自我价值感的匮乏是一种深层次的内耗，它常常让人陷入自我否定和自我怀疑的旋涡中，总是习惯性地贬低自己，认为自己一无是处、毫无价值。常常拿自己与别人做比较，然后陷入深深的自卑和沮丧中。

比如，你是否曾在家庭聚会上，因为觉得自己的职业不够体面或收入不如其他人而自卑？你是否因为自己在家里全职带娃，而感觉不到自身价值？你是否会因为没有收入而在家里唯唯诺诺？

这种自我价值感低和缺乏自我认同感的状态，不仅会让你失去自信和勇气，还会让你在生活中处处碰壁、难以自处。你渴望得到别人的认可和赞扬，却又常常因为自己的不自信而错失良机。

无法解决问题的无力感

在快节奏的生活中，我们难免会遇到各种挑战和意外情况。当我们发现自己无法妥善应对这些问题时，你可能会经常感到一种难以名状的疲惫，陷入深深的无力感，恐慌和愤怒等负面情绪往往会随之而来。

比如，在工作中，我们可能因领导的严格要求而感到烦躁不安。然而，这种烦躁的根源可能在于我们自身的能力不足，无法达到领导设定的标准。再比如，在家庭中面对哭闹不已的小宝宝，我们可能会感到焦虑和生气。这可能是因为我们缺乏安抚孩子的有效方法，从而产生了挫败感和无力感。

这种能力不足的内耗不仅会影响你的情绪，还会破坏你的自信心和自我认同感。

以上就是一些常见的内耗事件，它们或许正是你在生活中的写照，这些内耗事件虽然看似各不相同，但它们都有一个共同点：那就是它们都在无形中消耗着我们的心力和情绪，让我们在应对外界挑战时变得更加脆弱和无力。

因此，我们需要正视这些内耗的存在，学会用正确的方法和心态去面对它们。只有这样，我们才能真正摆脱内耗的束缚，找回那个充满活力、自信的自己。

当学会正视并解决这些问题时，我们就会踏入反内耗的第一步。

本节思考

在你的生活中，哪一项内耗事件对你影响最大？想象一下，如果你能够完全摆脱它，你的生活会有哪些积极的变化？

第二节　重新解读：内耗的本质是关系

内耗，源于周围事物带来的感受

我们回顾第一节中列举的这些内耗情景，请思考第一个问题：这些事件中，让我们感到疲惫和消耗的到底是什么？是这些糟糕的事件和经历吗？

我们想一下，在遭遇令你烦恼的问题时，你需要做的就是解决它就好了，对吗？

比如，家务活很多。那你做完它就好了呀。

但是你为什么会陷入内耗呢？因为家务活很多，你感觉怎么都做不完，你觉得很疲惫、烦躁——也就是说，这个事件给你带来了很糟糕的情绪和感受。当你在工作中遇到具有挑战性的任务时，任务本身可能只是需要你动动脑筋、投入足够的时间和精力就能完成，但如果你在完成任务的过程中感受到了巨大的精神压力，或者产生一些因担心做不好而会遭受批评的焦虑，那么这些压力和负面情绪就会让你陷入内耗中……

其实，让我们感到疲惫和消耗的，是这些事情所带来的不好的情绪。换句话说，真正内耗我们的，并非某些具体的事情，而是这些事情带给我们糟糕的、难以承受的感受。如果这些情绪可以很快平息，也就是在当前的事件中你可以很快让自己平静下来，那么它还不足以称之为内耗。所谓内耗，并不是一次性的情绪波动，而是已经严重超出你的承受能力、让你无法化解和平复的心力损耗，在这个过程中你的糟糕感受会反复滋生，呈现一种持续性的状态。

在当今快节奏、高压力的职场环境中，内耗现象越来越普遍。许多员工表示，他们并非因为工作任务本身而感到疲惫，而是因为竞争压力、人际关系等而疲惫。这不仅影响工作效率，还可能导致员工身心健康问题。一些企业已经开始关注这一问题，并尝试通过提供心理健康支持、改善工作环境等方式来减轻员工的内耗。

内耗的本质：人与人之间的关系失调

我们再来思考第二个问题：我们说内耗源于人们因某事而产生的不好的感受，那么这些不好的感受又是什么呢？我们究竟是在对什么不满？比如，丈夫带着一群朋友来家做客，你一个人在厨房忙活了一上午，做了一大桌菜，丈夫却在饭桌上喋喋不休，抱怨菜有点咸，一下子点燃了你本就憋屈的情绪，你怒火中烧，与丈夫大吵一架，发泄自己忙前忙后却吃力不讨好的委屈和不公。

你究竟是在对什么不满？是你一个人忙前忙后，而你的丈夫全程没有帮你，不仅对你的辛苦置若罔闻，无视你的劳累和疲惫，还对你的劳动成果指指点点，让你感觉无比委屈和辛酸，对不对？

因此，我们可以得出另一个结论，内耗的本质其实是人与人之间的关系出现失调。与他人之间的关系失调，包括：不被尊重和理解、不被关心、不被认可、与他人之间缺乏边界感、与他人之间的关系不对等。在与他人的关系中，内耗往往源于沟通不畅、期望不匹配或是信任缺失，他人的冒犯可能让你感到愤怒和受伤，他人的打击和羞辱可能给你带来深深的痛苦。反之，当你对他人抱有期待或依赖，而这些期待或依赖无法得到满足时，你也会感到失落和沮丧。

有心理学研究表明，个体的心理健康和情绪状态与其所处的人际关系环境密切相关，包括婚姻、家庭、职场关系等。并且，缺乏社会支持会导致更高的压力水平和抑郁症状。近年来一些心理健康调查显示，在存在严重人际关系问题的个体中，有高达 80% 的人具有中度到重度的内耗症状，如持续的压力感、情绪低落和工作效率下降等。

火遍大江南北的《甄嬛传》是一部描述清朝宫廷斗争的电视剧，其中充满着复杂的人际关系。剧中人物之间因争宠、争权而展开的钩心斗角、互相陷害，导致很多人物都存在着严重的内耗，抑郁而终，结局悲惨。这部剧可以生动地展示个体的精神内耗主要源于人与人之间的关系。

自我关系失调包括：自我失望、自我厌弃、自我怀疑、自我否定、自卑、自责、无能为力等，这些内耗往往源于自我认知不足、对真实自我不够接纳、解决问题的能力不足以及自我价值感的缺失。也就是说，自我认知高的人能够清晰地认识自己，不过度在意外界的评价。反之，自我认知越低，越容易被外界影响，越容易产生各种内耗。

心理学领域的专业期刊——《人格与社会心理学》（*Journal*

of Personality and Social Psychology）——刊载过大量关于自我认知与内耗关系的实证研究，研究表明自我认知不足的个体往往更容易陷入内耗，他们可能对自己的能力、情感和价值观缺乏清晰的认识，导致在面对挑战时感到迷茫和无助。相反，那些具有清晰自我认知的个体能够更好地应对生活中的压力和挑战，因为他们了解自己的优势和局限，能够据此做出合适的决策。

知名心灵作家张德芬，以其独特的视角和深刻的洞察力为广大读者所喜爱。然而在事业的高峰期，她也遭遇过前所未有的自我认知困惑，这种困惑并非源自外界的压力或质疑，而是源于她内心深处对自我的探寻。所幸，她停下脚步，深度审视自己的内心，逐渐发现隐藏在心底深处的恐惧和不安，最终实现了自我接纳的进一步提升。

自己与他人之间的关系，是自我关系的投射

我们再来思考一个问题，当你对他人心存不满或被他人的言行激怒时，即使对方很快向你道歉，或者你可以谅解对方的冲动和无心之失，但为什么你仍然会耿耿于怀，内心还是非常烦躁或愤怒？

这是因为，让你产生内耗的不只是他人，还有自己。

当我们因他人言行而内耗时，我们对他人的抵触其实反映出的是内心深处对自己的不接纳。换句话说，我们对他人的

反感和排斥，往往是因为我们在那段关系中看到了自己不愿意面对的部分。我们不愿意接纳对方，其实是因为无法接纳那段关系中的自己。任何时候都要首先认清自己的内心所想，才能从根本上解决问题。而外在世界即内心世界的反映，一个人对别人的态度，实际上是他对自己态度的投射——投射是心理学中一种常见的防御机制，是指个体将自己不喜欢或不能接受的特质、情感或冲动归因于他人。

所以，我们与他人的关系，在本质上其实都是自我关系的映射。自我接纳程度高的个体更容易处理人际关系中的冲突和挑战，从而减少内耗。

为了更深入地理解这一点，我们可以回想一下那些让我们感到内耗的人际关系。在某些情况下，我们对他人的某些行为或态度产生反感，是否因为这些行为或态度触动了我们内心深处的某些痛点或不安？

比如，丈夫总是对家务和孩子的事情不闻不问，无论你如何与他耐心沟通，对方都没有任何改变，依然我行我素，无视你的疲惫和无助，于是你对丈夫的不满日益加重，你对他充满了怨怼、愤怒和深深的失望。从表面上看，这种婚姻内耗源于你和丈夫之间的关系，但其实更深层次下，在你对丈夫源源不断的失望背后，也会滋生出你对自己的失望。

“我为什么会嫁给这种人？”

“我为什么让自己活成这个样子？”

“我为什么不会经营我的婚姻？”

再比如，你特别反感别人的傲慢态度，当有人对你趾高气扬地指指点点时，你会感觉到非常不舒服，而且会在心里反复纠结拧巴、难以释怀。表面上，这是源于对方对自己的不尊重、不认可，更深层次是对方的否定导致你对自己也产生了自我怀疑。可能是因为你内心深处对自己的某些方面感到不自信或自卑，所以当别人展现出傲慢态度时，它就像一面镜子，反射出你内心深处对自己的不认可。所以，你会发现一个真相：你处理不好自己与他人之间的关系，其实本质上是因为没有处理好自我关系。

因此，要打破内耗，我们不仅需要关注外部的人际关系，更需要审视和修复内部的自我关系。这需要我们勇敢地面对自己的不完美和失败，学会接纳和爱护自己。当我们能够真诚地面对自己、接纳自己时，才能更加平和地面对他人和世界。

本节思考

回想一下你最近一次感到内耗的经历，试着分析这个经历背后是你与他人之间存在冲突与不满，还是自我关系出现了问题。

第三节　探寻归因：你的内耗究竟从何而来

当我们谈论内耗时，我们其实是在谈论一种隐形的心理负担，它大量消耗着我们的情绪和心力。这种心理负担有时来自外界，有时则源自自己，也就是说不同事件都有针对性的内耗源。当你感受到自己陷入内耗时，首先需要弄清楚，在这个事件中，你的内耗究竟从何而来？

我将所有的常见内耗分为两大类：他人引发的内耗和自我内耗。

他人引发的内耗

他人引发的内耗，顾名思义，就是指他人的冒犯言行对我们产生了负面影响，导致我们的情绪和心力受到损耗，而这些损耗又包括实质性的损耗和精神性的消耗。

◎ 实质性的损耗

实质性的损耗就是指他人的言行给我们带来了人力、财力、物力、时间等实质性的损失，并且我们需要替他人承担这些额外的损失。

比如，你借给朋友一笔钱，但他未按约定时间归还，导致你的财务紧张，承担了额外的经济负担；同事在工作中失误，却将责任推给你，导致你不得不花费额外的时间和精力去解决问题；邻居家的孩子损坏了你的私人财物，但对方不愿承认，因此你不得不自掏腰包进行修理或更换。

◎ 精神性的消耗

与实质性的损耗不同，他人引发的精神性的消耗往往更加隐蔽。它可能源于他人的攻击、辱骂、冷落、嘲讽等，或者是情绪上的冷暴力等。这些行为会在你的内心掀起轩然大波，让你失落、压抑、愤怒、委屈、烦闷、无助、崩溃，让你陷入巨大的精神消耗中。

比如，你在工作中提出了一个创新想法，却遭到同事的嘲讽和否定，这让你感到沮丧和失落；在家庭中，你的伴侣经常冷落你，对你的话语和行动漠不关心，这让你感到孤独和无助；你努力追求某个目标，但身边的人却不断打击你的信心，说你做不到，这让你感到愤怒和挫败；在社交场合，你遭到他人的恶意言语攻击甚至辱骂，虽然身体没有受伤，但你的心灵受到了深深的伤害；你的朋友经常在你面前炫耀，你可能会感到自卑或羡慕，从而陷入精神消耗的状态。

◎ 实质性的损耗和精神性的消耗之间的区别

两者的主要区别就在于是否产生人力、财力、物力、时间上的实质损失，是否给你增加解决问题的实际负担。

比如，你的搭档总是在工作中因为不认真而出现很多失误，一再影响你们的业绩和绩效奖金，这个月因为他的偷懒而导致你被罚了 200 元，这属于实质性的损耗。

再比如，你的同事仗着自己有资历总是在上班时偷懒，而且他还对你兢兢业业的工作态度明嘲暗讽，嘲笑你太老实、太天真，导致你心里很憋屈，这个事件中你并没有因为他的偷懒而额外承担什么，只是心里感觉到了不被尊重，这属于精神性的消耗。

自我内耗

除了他人引发的内耗外，我们还可能遭受来自自身的内部损耗，也就是我们对自己的某些言行或表现产生了强烈的不满，陷入拧巴纠结的内耗状态。自我内耗包括两方面：自我情绪内耗和自我能力内耗。

◎ 自我情绪内耗

自我情绪内耗，是指我们沉溺在一些糟糕的情绪中无法自拔，并严重影响着我们的生活质量和精神状态。这些情绪包括焦虑、愤怒、自卑、自我厌弃、自我否定、自我失望、对过去的沉溺或懊悔、对未来的恐惧或焦虑等，而且这些情绪源于我们对自己的对抗，或对自己当前的状态不满意、不接纳，与他人无关，比如由于对他人过度期待而产生的愤怒、过度在意他人的评价而产生的自我怀疑等。

比如，你因为对自己的工作表现过度焦虑而夜不能寐，严重影响着工作效率和生活质量；在社交活动中，你因为过度在意他人的评价而紧张不安，无法自如地与他人交流；你因对自己的外貌感到自卑、生怕被他人嘲笑而不敢上台演讲，以致错过很多提升机会；你因一次失败的经历而沉溺于自我否定中，无法走出阴影，对未来充满了恐惧；你总执着于要求伴侣或孩子达到某种标准，一旦对方不如你意，你就会情绪低落或崩溃，严重内耗。

这种自我情绪上的损耗会极大地削弱我们的动力和斗志，让我们无法聚焦于当下的生活和工作，从而陷入颓废中。

◎ 自我能力内耗

自我能力内耗则是指由于我们自己没有能力解决问题而产生的焦虑和无助，包括自我管理能力差、自身技能不足、缺乏行动力等。

你有没有发现，几乎所有的内耗事件中都会有一个无能为力的源头。也就是说，个体解决问题的能力越低，就越容易内耗。但凡你有足够的能力处理问题，都不会在无谓的小事上耗费太多的时间和心力。比如，面对复杂的工作任务，你因为缺乏相应的技能而感到焦虑，迟迟无法开始行动；你想要改变自己的生活习惯，但由于缺乏自我管理能力，总是无法坚持，导致你陷入自责和自我否定中；在团队合作中，你因为表达能力的欠缺，即使有好的想法也选择沉默，并因此经常陷入懊恼中；在处理人际关系问题时，你因沟通能力有限而总是导致双方的冲突更加严重，自己也疲惫不堪……

◎ 自我情绪内耗和自我能力内耗的区别

相对来说，自我情绪内耗比单纯的能力型内耗的状态更加糟糕。情绪内耗是指你无法面对自己的无能为力，也就是对自己无能为力的不接纳，这个时候的自己是没有能量的，也是缺乏思考力的；而能力内耗相对来说是有一定思考力的，也就是你很清楚自身问题是什么，只是缺乏解决问题的能力。

比如，你因肥胖而感到自卑。当你停留在情绪内耗的时候，你的状态可能是自我厌弃、自我失望、崩溃，极度糟糕的情绪状态让你根本无法去思考和寻求解决办法。但如果你只是能力内耗的程度，你会很清楚你应该控制饮食和增加运动，只是你缺乏意志力或者方法不得当，总是半途而废，从而产生一种无力感。

几种内耗之间的层级关系

在明确了内耗的来源之后，我们还需要理解不同内耗之间的关系，这有助于我们更全面地认识和处理内耗。

在前文中，我们总结出两类内耗源，共四种内耗，我们按照从上到下排个顺序，分别是：他人引发的实质性的损耗，他人引发的精神性的消耗，自我情绪内耗，自我能力内耗。需要注意的是，这几种内耗并不是孤立存在的，而是相互关联、相互影响的。它们之间类似于叠叠乐的关系：上层一定包括下层，但是下层未必包括上层，从上往下属于降级关系。也就是说，在同一个内耗事件里，凡是他人引发的内耗，底层上都存在自我内耗；他人引发的实质性的损耗一定夹带着他人引发的精神性的消耗、自我情绪以及能力内耗；而自我情绪内耗也必然伴随着自我能力内耗。

如果在这个事件中，你很确定是他人引发的内耗，那么你可根据是否产生了实质性损失来确定它的层级，即实质性的损耗还是精神性的消耗；如果这个事件中，你很清楚并无他人的过错，甚至并不存在第二个人，确定属于自我内耗，你也可觉察自己的感受来分辨它属于自我情绪内耗还是自我能力内耗。

最后，所有内耗源在底层上都会有一个能力型内耗。也就是说，在我们面临的所有内耗中，都隐藏着自己的无能为力，这意味着，只有正视并努力克服这种无能为力，从根本上实现自我提升，才能从长远上杜绝内耗的滋生。

我们来举一个完整的例子，可以清楚地呈现这几种内耗的关系。

比如，你和你的丈夫都是职场人士，你们是四口之家，每天除了忙碌的工作，还要承担家务琐事和两个孩子的学习。在这样的背景下，我们来拆解一下你经历的一次内耗事件，看看这四种内耗是如何交织在一起的。

最近几个月，你的丈夫突然迷恋上了某款游戏，每天一下班就把自己关在书房投入地玩游戏，家里的琐事几乎全部落在了你的身上。他不仅没有分担家务，还把自己的脏衣服乱丢乱放，而且在孩子请教作业时忙着游戏不理不睬，你一次次提醒他分担家事，他都只是嘴上答应却没有行动，你说得多了他反而非常不耐烦，而你每天在下班后，还要花很多时间收拾家务、辅导孩子作业……

在你面对一团糟的家事忙得团团转且疲惫不堪时，看着丈夫坐在电脑前玩得热火朝天，桌上到处都是他乱丢的食物垃圾，脏衣服也乱七八糟地扔在地上，你感觉越来越愤怒、失望，最终忍无可忍，对丈夫大发脾气，两个人大吵一架，不欢而散。在这个事件中，你有哪些内耗源呢？

◎ 他人引发的实质性的损耗

由于丈夫沉浸于游戏，对本该分担的家庭责任各种推诿和不作为，并且还制造更多麻烦，让你不得不花更多的时间去整理，给你带来了时间和精力上的损耗，这些属于实质性的损耗。

◎ 他人引发的精神性的消耗

丈夫对妻子的辛苦视而不见，甚至在妻子崩溃时没有给予理解和安慰，反而与妻子争吵，这一系列表现都让妻子感到孤立无援，心中的委屈和愤怒不断累积，形成了精神上的消耗。

◎ 自我情绪内耗

当你忍不住对家人歇斯底里时，或许会对自己产生深深的失望：我怎么会变成现在这个样子？怎么像个怨妇一样？明明我很想做一个温柔的妻子、耐心的母亲。于是，你不断反问自己，是不是自己要求太多了？这些情绪像一团乱麻，让你更加疲惫。甚至你可能会对自己的婚姻现状产生不满，你会埋怨：自己怎么找了这样的丈夫？自己的婚姻怎么成了这个样子？这一系列的糟糕感受、自我攻击、自我怀疑，以及对丈夫的期待和现实中的落差都让你陷入了内在情绪的消耗之中。

◎ 自我能力内耗

内耗的底层逻辑就是你对掌控生活的无力感——我不知道怎样管理好我的情绪；我没有找到更好的沟通方式来避免争吵；我缺乏经营婚姻的技巧和智慧；我不知道怎样平和地解决问题；我不知道怎样处理自己对伴侣的失望……以上种种都是由于无能为力产生的内耗。在这个过程中，你可以看到，每一种内耗都不是孤立存在的。它们像是层层叠加的波浪，从外界的影响逐渐渗透你的内心。这种层级关系提醒我们，在处理内耗时不要只关注表面现象，而要洞察内耗的本质和根源，实现内心的平和与自由，这样才能真正地摆脱内耗的困扰。

本节思考

想象一下，你有一个“内耗放大镜”，可以用来观察并分析最近一次内耗经历。请使用这个放大镜，试着识别这次内耗中包含了哪些层级的内耗源。

□他人引发的实质性的损耗

□他人引发的精神性的消耗

□自我情绪内耗

□自我能力内耗

第四节 破局之道：内外兼容，打破内耗怪圈

读到这里，我想你对内耗应该有一个比较清晰的认知了。内耗的两大源头分别是他人引发的内耗和自我内耗。无论是他人引发的内耗还是自我内耗，其实让我们深感痛苦的根源在于四个字：行不由衷。

“行”指的是当前的行为以及正在发生的事情或现象，“衷”则是指你的本心和主观意愿或期待。“行不由衷”就是指，当前面临的事态发展违背了你的内心意愿时，你的内心会充满抵触和不甘，但是你并没有采取实际行动去终止这种状况，于是陷入了外源内耗中；抑或是你无法改变或无权干预当前的状况，却一味地将自己的期待强加于你无力改变的人或事上，从而陷入自我内耗中。

比如，在职场上，当同事或上司的行为冒犯或伤害了你，但出于种种原因，如担心影响工作关系、害怕失去工作机会或者是害怕被别人讨厌等，你选择了沉默，宁可忍受着不公正的对待。然而沉默背后，实际上是对自我需求的压抑和真实感受的忽视。长此以往，这种压抑和忽视就积累成一种无形的压力。

再比如，你总是用你心目中的标准来要求你的孩子，当你发现他的发展并不符合你的期待时，你就会不满，但是你发现无法说服和改变你的孩子，因为他有自己的个性和想法。倘

若你无法接受这个事实，越执着于去训练和改变孩子，你就会越容易失望，久而久之，这种失望就会累积为持续的内耗。

也就是说，如果当前的事态与你的本心相悖，并且这种相悖的状态持续到一定程度时，就会容易形成内耗。这种内耗可能源于对他人违心地讨好迎合、对自我需求的不尊重，或者是对客观环境的不接纳、自我内心的拧巴和纠结。总结就是，要么就是你没有尊重自己，你一直在默许那些违背意愿的事情发生而无动于衷，要么就是你过度执着于改变那些无法改变的事情。

那么，如何打破这种“行不由衷”的内耗怪圈呢？很简单，对自己保持清醒，对世界予以理解。

对自己保持清醒

对自己保持清醒，就是要遵循本心，要学会尊重自己的意愿和真实感受，为自己的需求付诸行动，对自己有一个交代。心理学中的自我决定理论（Self-Determination Theory）指出，当人们能够按照自己的意愿和价值观行动时，他们更有可能体验到幸福感、满足感和内在动机。

◎ 觉察自己的需求

大多数容易内耗的人总是存在一个共性，就是习惯性压抑自己的需求，这是一种极其内耗的行为模式，不仅会导致你的内心充满疲惫和怨怼，还会让他人肆无忌惮地一再无视你的需求和底线，从而对你造成伤害。

所以你要学会觉察自己。当你感到内心被某种情绪困扰时，不妨先停下来，深呼吸，尝试倾听自己的感受。这种倾听并不是简单的自我安慰，而是深入内心的觉察。要知道，每个人的情绪背后，都隐藏着未被满足的需求，可能是生理需求、社交需求、自我实现的需求等，可参考马斯洛需求理论来觉察自己。

每个人都有自己的需求，并且只有自己才能对这些需求负责。倘若你自己习惯性压抑和忽视自己的需求，别人只会更加无视你，甚至践踏你的底线。

比如，如果你在工作中总是默默承受不合理的任务安排，这将成为他人对你的默认期待。而当你开始勇敢地表达自己的不满和拒绝时，虽然可能会遭遇一时的挑战，但长远来看，你守住了自己的底线，才会真正赢得他人的尊重。

◎ 设立自己的界限

学会设立自己的界限，就是明确地让他人知道自己的底线和原则，知道哪些行为是你无法接受和允许的，以此让对方尊重自己的边界感，保护自己的感受和需求。

设立界限不是为了隔绝亲密关系与情感联结，而是对自我价值的深刻认同与尊重，同时不被外界的期望牵制和操控。当你意识到他人的要求或行为违背了你的内心意愿时，要勇敢地表达自己的不满和底线。这并不意味着你要变得自私或不顾他人感受，而是在不伤害他人的前提之上，明确自己的立场，清晰地表达自己的态度，而不是一味妥协和忍让，任由不满和愤怒在心中积累。

通过建立清晰的自我边界，不仅可以为自己营造更加舒适的生活环境，也向外界传达了一个明确的信息：你是一个有原则、懂得自我珍惜的人。这样的你，会更容易获得他人的尊重与理解。人们会开始意识到，尊重你的界限就是尊重你这个人。

比如，在职场上，如果你经常被要求承担超出职责范围的任务，你的默默承受只会让自己陷入无尽的忙碌与不满中。要学会适时地说：“这部分工作不属于我的职责范围，我愿意协助，但需要先完成我的本职工作。”这样的表达，既体现了你的善意，也表达了自己的边界，从而赢得他人的尊重。

◎ 要付诸行动，为自己的需求负责

当某些人或事对我们的心理健康造成持续的负面影响时，不能一味沉默和回避，要勇敢地对自己的需求负责，但是仅仅

停留在意识的觉醒层面是不够的，在有必要的时候，要勇敢地付诸实质行动去拒绝或终止它们。

一定要意识到，你有权利阻止别人对你做出的不合理行为。这并不是计较和自私，而是自尊和自爱的体现。行使这一权利并非易事，它需要我们在面对不公时保持冷静和理智，用恰当的方式表达不满和诉求。每一次勇敢地站出，都是对自我边界的保护，也是对外界的明确告知：我是有价值的，我的需求和感受同样重要。

虽然改变和对抗会伴随着一定的社交风险，但如果继续维持现状只会带来更多内耗，那么反抗就是必要的，只有当你可以勇敢地说“不”，才能够减少因讨好他人而产生的内耗。比如，当你发现自己的创意被同事冒名顶替时，你有权站出来维护自己的权益；当你遭受无理的任务堆砌，超出工作职责范围时，你有权拒绝并寻求合理的工作分配。当然，有时候我们努力的结果未必会如自己所愿。但我们遵循本心的一切行动，并不是为了一定获得某个结果，而是为了对自己的需求负责，对自己有一个交代和回应。让内在的自己感受到，你看到了自己的需求，你正在拥抱和接纳自己。因为真正让我们陷入痛苦和愤怒的是自己对自己的无视，只要你有所回应和行动，你就会得到极大的慰藉和疗愈，从而减少甚至终止外源性的内耗。

对世界予以理解

很多时候你会发现，即使做了很多努力，你可能到最后也没办法改变别人，或无法改变某些现象，当你意识到无法改变和控制事态的发展时，也需要学会调整自己的主观意愿，接纳它们，对世界予以理解，允许一切的发生。

心理学研究指出，接纳他人和不可改变的客观环境是提高个体心理健康水平的重要因素。通过接纳，个体能够减少因抗拒和挣扎而产生的心理内耗，从而更加专注于积极地生活和成长。在哲学领域，斯多葛学派也尊崇对外部事件的接纳和内心的平静，认为通过理解并接受我们无法控制的事物，可以达到更高层次的精神自由。

◎ 理解世界的多元与复杂

世界充满了多元性和复杂性，不同的文化、价值观、生活方式交织在一起，构成了这个丰富多彩的社会。每个人都生活在自己的小世界里，有着不同的经历和背景。这种多样性不仅体现在人与人之间，还体现在不同的社会群体、地域和文化之间。

所以，我们要理解世界的多元性，要培养自己对不同观点的同理心。尝试站在他人的角度思考问题，理解他们的感受和立场。这样，我们就能更加全面地认识世界和他人，减少因误解和偏见而产生的冲突和内耗。

比如，在工作中，我们可能会遇到来自不同文化背景或拥有不同工作习惯的同事，如果我们能够尊重并理解他们的差异，就能更好地与他们合作，共同完成任务。相反，如果我们坚持自己的固有观念，拒绝接纳他人的不同，就可能导致沟通障碍和团队内耗。

◎ 接纳他人的独特与差异

人与人之间的差异是天然的，也是社会进步的动力。每个人都有自己独特的性格、习惯、信仰和价值观。这些差异使得我们每个人都有自己独特的魅力和价值。接纳他人的不同，是减少内耗、建立和谐人际关系的关键。

接纳他人并不意味着我们要完全认同他们的观点或行为，而是要学会尊重和理解他们的独特性，接纳这种多样性带来的丰富和活力。并且我们需要意识到，很多时候我们无法控制他人的言行。当然，即便如此，我们也要勇于表达自己，坚持自己的立场和价值观。在差异中寻找共同点，建立基于尊重和理解的关系，是我们在社交和工作中都需要掌握的重要技能。

比如，在家庭中，我们可能会面临与亲人之间的性格或生活习惯的差异。如果我们能够接纳并尊重这些差异，就能减少很多家庭矛盾，营造更加和谐的家庭氛围。相反，如果我们坚持要求亲人完全符合自己的期待和标准，就可能导致家庭关系紧张，甚至破裂，并且给自己带来内耗。

◎ 接纳不可改变的客观环境

有些客观环境是我们无法改变的，如自然规律、自然灾害等。对这些不可改变的事物进行抗争只会消耗我们的精力，让我们陷入无谓的挣扎和痛苦中。相反，我们应该学会适应和接纳它们，将精力集中在可以改变的事物上。

接纳不可改变的客观环境并不意味着我们要放弃改变世界的梦想，而是要在认清现实的基础上，更加理智和务实地行动。我们可以通过积极的心态和行动，在不可改变的环境中找到成长和幸福的可能。例如，面对自然环境的挑战，我们可以积极参与环保活动，倡导绿色生活方式；面对社会制度的不公，我们可以通过合法途径表达自己的意见和诉求，推动社会的进步和改革。

比如，在个人生活中，我们也可能会遇到无法改变的困境，如失业、疾病等。在这些情况下，我们需要学会接纳现实，调整自己的心态和行动策略。我们可以积极寻求帮助和支持，学习新的技能或知识，以便更好地适应新的生活环境。通过积极的行动和心态调整，我们可以在困境中找到新的成长机会和幸福的可能。

奥普拉·温弗瑞，这位全球知名脱口秀主持人，在职业生涯的早期并非一帆风顺。她身处一个充满挑战与偏见的时代，在职业生涯早期曾遭受着严重的种族歧视，这一度给她带来巨大的压力和创伤。但她很清楚自己无法改变别人的眼光，无法控制别人对她的评价，所以她没有因此沉沦或逃避，而是调整自己的心态，以坚定的姿态投身于热爱的事业中，通过自己的节目和媒体平台传递正能量，最终建立了庞大的媒体帝国。

理解并接受他人或者客观环境的不完美，可减少因过高期待而带来的失望和挫败感。我们必须意识到，我们没有权利要求别人符合我们的期待和标准，所以在你发觉自己存在不合理的期待和执念时，需要尝试调整自己，接纳世界，这样才能让自己停止无谓地拧巴、纠结，从而专注于更重要的事情上。当然，理解世界并不意味着要放弃自己的价值观和追求，而是要理解并接受我们无法控制的一切。通过调整自己的期待和意愿，我们可以减少因执念而产生的内耗。

培养内核能力，实现自我成长

读到这里，你可能仍然会有疑惑：这些道理说起来简单，但是在面临突如其来的外界冲突或者自我的糟糕情绪冲击时，我根本无法冷静思考，会控制不住地沉溺在这些情绪中，而做出一些丧失理智的行为，让事态越来越糟糕，内耗越来越严重。

这是因为你的内核能力太弱，无法冷静理智地面对问题，无法恰当地处理自己的情绪，同时因为认知有限，无法调整自己看待问题的视角，所以面对这些内耗事件，会消耗大量的心力和情绪，你会容易崩溃。在面对突如其来的外界冲突或自我情绪的剧烈波动时，个体的反应往往揭示了其内核能力的强弱。

正如心理学家丹尼尔·戈尔曼在其著作《情商》中所强调的，情绪智力是衡量个体处理情绪、利用情绪信息指导思维和行为的一种关键能力。当这种能力较弱时，人们确实容易陷入情绪的旋涡，做出非理性的决定，进而加剧事态的恶化，形成恶性循环的内耗状态。

因此，除了学会尊重自我和接纳外界，我们还需要在内耗事件中不断地提升自己，实现自我成长。也就是说，在面对内耗事件时，我们要学会从中汲取经验和教训，反思自身弱点，针对性地训练内在的能力，比如管理情绪的能力、解决问题的能力、提升自我价值感的能力等，只有自身变得越来越强大时，你才会站在更高的地方俯瞰问题，不会轻易再为类似的问题所内耗。

本节思考

在面对内耗时，我们往往需要在尊重本心和接纳外界之间找到平衡。请分享一个你曾经成功打破“行不由衷”内耗怪圈的经历。描述一下当时的情况，你是如何意识到需要改变的，以及你采取了哪些具体行动来尊重自己的意愿并理解外界的环境。这次经历给你带来了哪些启示和成长？

第二章
巧妙应对他人引发的内耗

CHAPTER 2

你是否曾经因为别人的批评而久久不能释怀？是否曾在团队合作中感到被忽视或误解？面对这些情况时，每个人的反应和应对方式各不相同。有些人能够迅速调整心态，继续前行；而另一些人则可能陷入长时间的情绪困扰，难以自拔。了解自己在应对他人引发的内耗方面的能力，是提升情商和个人幸福感的重要一步。通过科学的方法评估自己的应对策略，我们可以更清晰地认识到自己的优势与不足，从而有针对性地进行改进。接下来，我将提供一个沟通能力检测表（见表 2.1），帮助你更好地了解自己与他人沟通的能力。

表 2.1　沟通能力检测表

序号	问题	总是	有时	很少	从不	特别说明
1	当他人的行为让你感到不舒服时，你是否能直接表达你的不满？	3 分	2 分	1 分	0 分	
2	当他人对你提出不合理的要求时，你是否能坚定地说“不”？	3 分	2 分	1 分	0 分	
3	当他人冒犯你时，你是否会因为害怕冲突而选择沉默？	0 分	1 分	2 分	3 分	反向计分
4	当他人的行为不符合你的期望时，你是否会尝试通过自己的行为去影响他们？	3 分	2 分	1 分	0 分	
5	你是否相信通过积极的沟通和示范可以改变他人的行为？	3 分	2 分	1 分	0 分	

续表

序号	问题	总是	有时	很少	从不	特别说明
6	当你尝试影响他人时，你是否能保持耐心和坚持？	3分	2分	1分	0分	
7	你是否经常因为试图改变他人而感到沮丧和疲惫？	0分	1分	2分	3分	反向计分
8	你是否对他人有过高的期待，当他们未能满足这些期待时感到失望？	0分	1分	2分	3分	反向计分
9	当他人无法达到你的期望时，你是否能调整自己的期望？	3分	2分	1分	0分	
10	你是否经常因为外界的评价而感到焦虑或不安？	0分	1分	2分	3分	反向计分
总分范围	评分结果：将所有题目的分数相加，得到你的总分					
30分及以上	你在应对他人引发的内耗方面表现出色，能够有效地表达自己并影响他人，同时对外界保持合理的期待					
21~29分	你在大多数情况下能够应对他人引发的内耗，但有时仍需努力					
12~20分	你在应对他人引发的内耗方面有一定的挑战，可能需要进一步学习和实践					
11分及以下	你可能经常在应对他人引发的内耗方面感到困难，可能需要更多的支持和指导					
备注	请注意，表格中的“反向计分”表示该题目的选项得分与常规顺序相反，即选择“从不”得最高分，选择“总是”得最低分。在计算总分时，请确保根据这一说明正确计算每个题目的得分					

第一节　自我调适：五种心法，过滤无谓冲突

在日常生活中，我们总会不可避免地与他人发生各种摩擦，有时候，别人的一些言语或行为会让我们感到非常不悦或愤怒，我们会条件反射地据理力争或者回怼，但是这样很容易发生不可控的争吵或互相攻击，甚至引发更严重的后续冲突，从而陷入持续内耗中。

所以，并不是所有的冲突都值得我们去追责和计较。在某些情况下，争执或谈判的成本可能会过高，很可能会将原本不足为道的影响加倍放大，不仅耗费心力和时间，还会给自己带来更多糟糕情绪，反而得不偿失。因此，在必要时候，学会过滤掉一些没必要的冲突，是我们停止内耗的重要技能，也就是要提高自己对外界言行的屏蔽力和接纳力。

那么，什么是“没必要的冲突”呢？就是指那些对我们没有实质性影响的冲突。它们可能只是短暂的、一次性的或者非恶意的，不会对我们造成伤害和后续影响，这些冲突并不值得我们去投入大量的时间、精力和情绪，我们要清醒理智地屏蔽它们或清理它们，避免它们占据你的心理内存。

哪些类型的冲突可以过滤掉呢？

1. 一次性并且并未给你带来实质影响的冲突。比如被路人撞了一下对方却不愿道歉，反正以后也不会再见面，可以选择

过滤掉。

2. 虽然对方对你的言行存在恶意，但是你不愿跟对方建立任何关系，不愿被纠缠，立即离开可以及时止损。比如面对一个突然对你破口大骂的醉汉，或者路边不怀好意、故意找碴的小混混。当然，也可以是你本来就想断掉的某个社交关系。

3. 当对方认知有限时，我们可以对对方降低期待，不必与对方计较。比如 3 岁小孩子生气地说你是个坏妈妈，比如患有阿尔茨海默病的老人冲你发脾气。

4. 虽然对方言语不当，但是你明白对方并非恶意也未带来实质伤害，你可以调整心态来自行化解。比如婆婆对你下班回来晚颇有微词，但是你知道她是担心你的安全，因此也不必过多计较。比如某个长辈在家庭聚餐上对你的穿衣风格予以责怪或言语上的指点，虽然会让你感觉不被尊重，但你明白对方只是出于对晚辈的引导之意，你可以予以理解。

5. 对方言语过激并非针对你，而是源于他的状态不佳或遭遇其他打击，你可以给予谅解和宽容。比如丈夫因工作受挫而情绪失控，言辞激烈，你理解他的处境，选择谅解他。

6. 对方与你之间存在权威关系，沟通或谈判的风险过高，一旦谈判失败，你付出的代价远超出你能承受之重。比如总是对你各种言语打压的老父亲有比较严重的心脏病，比如你那严厉的上司，比起接纳对方的严厉，你更无法承受失去工作的代价。在这些情况下，你可以选择回避与对方冲突，通过其他方式化解。

7. 对方并未给你带来任何人身、财力、时间等实质性的影响，或者所带来的影响程度是你愿意自行承担的，由于追债成本过高所以决定自行处理。比如对方不小心踩脏了你的鞋子，与其让对方拿回去洗一来二去耗费时间，不如你自行处理。

可是过滤并非易事，即使你主观意识上愿意过滤掉这些冲突，但不能否定，对方给你带来的困扰是客观存在的。比如让你产生被羞辱的愤怒、被攻击的恼怒，如果没有从内心真正放下对对方的不满，而只是违心地选择隐忍和妥协，那么你一定会陷入委屈或自我怀疑中——这不是过滤而是转化，将外界冲突转化为自我攻击，只会让自己更加内耗更加痛苦，那就会更加糟糕，这不是我们想要的。所以，真正的过滤和屏蔽是发自内心的接纳和允许，是真正的平和和包容。

那么，面对外界对我们的不当言行，我们应该如何迅速消融对方给我们造成的糟糕情绪和感受，从而让自己真正包容对方呢？下文给出五种非常实用的心法，可以巧妙化解对他人的不满。

重新定义

我们要知道，很多时候伤害到我们的并不是对方的言行，而是我们对对方言行的解读，也就是你是如何定义对方的言行。所以当有人对你出言不逊的时候，如果你凭本能冲动将此定义为他在侮辱你，那么这种被侮辱的感觉只会越来越强烈，你会越来越怒不可遏，失控发火甚至做出攻击行为让事态越来越糟糕……

社会心理学家阿尔伯特·埃利斯（Albert Ellis）提出的理性情绪行为疗法（Rational Emotive Behavior Therapy，REBT）也强调了这一点。他认为，人们的情绪困扰往往不是由事件本身直接引起的，而是由人们对事件的不合理解读导致的。因此，通过改变对事件的看法和解释，我们可以有效地调整自己的情绪反应，减少不必要的心理困扰。

所以，终止糟糕感受的关键在于你不要将它理解为侮辱，不要赋予它这个含义，而要换个定义，重新解读。虽然这样换个理解并不会改变对方，但是这样能够最大限度降低自我损耗，让你尽快恢复冷静同时避免冲突，而且可以培养自己不被他人操控的情绪管理能力。

在社交媒体上，人们经常因为不同的观点和言论而发生争议。然而，一些明智的用户已经学会重新定义他人的言论，以避免不必要的争吵和攻击。他们倾向于将不同的观点视为多元文化的体现，而不是个人攻击或侮辱。这种态度不仅有助于减少社交媒体上的冲突，还有助于促进更加理性和包容的言论环境。

附和自嘲

在有些情况下，你总会遇到刻意挑衅的人，或者对方比较爱出风头，有时候会对你指手画脚，对你进行各种越界说服，试图以激起你的反应获取快感，或者通过与你抬杠获取自我认同，而你越反驳对方就会越来劲，但你只想尽快终止对方的冒犯，又不想发生争吵，那么这个时候就可以用附和自嘲的技巧。

比如，在亲戚宴会的餐桌上，你的一个亲戚各种阴阳怪气地说你都结婚两年了，怎么还没有生孩子，喋喋不休地跟你强调孩子的重要性，以及生育对女性的必要性，你此刻可能会感觉非常不悦。但是这个时候，如果你按照你的想法去否定她，跟她掰扯生育自由的价值观，只会更加激起她的说服欲。所以，你这个时候完全可以附和她的话对自己进行自嘲。“是的，不生孩子到老了会很可怜。”“我也觉得我大概会孤独终老吧。”“就是，我这个人还特固执，不听劝，以后肯定会吃亏。”把她的话都说完，让她无话可说。

大量案例证明，这个技巧能够非常有效地及时控制你的糟糕情绪和感受，并且能够让你尽快从当前的内耗状态中抽离出来。社会心理学家研究发现，人们在交往中往往有一种

“确认偏误”，即更倾向于寻找、解释并记住那些符合自己原有观点的信息。当你采用附和自嘲的方式时，实际上是在利用这种心理机制，通过夸张地认同对方的观点，使对方感到自己的观点已经得到了充分的表达和认同，从而减少进一步说服或挑衅的动机。

同时，自嘲也是一种高级的社交技巧，它展示了一种自我解嘲的幽默感，这种幽默感能够化解紧张气氛，减少冲突的可能性。当你能够以自嘲的方式回应对方的挑衅时，你实际上是在展示一种更高层次的情感智慧和社会适应能力。你不仅没有被对方的攻击影响，反而以一种机智的方式回应，使对方无言以对。

此外，长期采用这种策略还能培养自己不被他人评判影响的能力。这是因为，通过自嘲，你实际上是在建立一种内在的自我价值感，这种价值感不依赖于外界的评判，而是来自你对自己和世界的独特理解和接纳。当你能够自嘲时，你就已经站在了一个更高的角度上看待自己和周围的事物，不再轻易被他人的言论左右。

对等代入

有时候，对方的不当言行并非恶意，但确实会影响到我们的心情，我们虽然可以谅解，但是仍然心生讨厌。不过，讨厌并不会让我们获得任何好处，你的讨厌越多，问题就会越复杂。而且，讨厌对方的感觉无法让我们理智地处理问题，还极大地影响自己的性情和自我成长。所以，我们需要学会及时化解这种厌恶感，这个时候就可以用对等代入的技巧。

对等代入，就是当对方让我们不爽的时候，立即给自己的反应按下暂停键，然后将自己代入对方的立场或者指责中，反思：如果你是对方，你会做得更好吗？或者你在这个事件中，是否同样存在一些令对方不舒服的行为或习惯？

比如，你的小组成员一起加班加点赶工一个项目，你负责监督和审核各成员的任务进度，大家每天都很辛苦。突然有一天，一个成员对你大发脾气，指责你对任务过于严苛，让她压力很大，她已经好几天没有好好陪孩子了。她对工作的态度以及将自己没有时间陪孩子的恼怒归咎于你身上，让你产生了强烈的不满情绪，一时之下你可能会很想发火，但这个时候你可以先问问自己：自己在工作上有没有确实让大家不舒服的地方？是否过于严苛较真？是否对同事缺乏正面鼓励和反馈？如果你是对方，没有时间陪家人，你会不会也有怨言？

从心理学角度来看，对等代入技巧实际上是一种认知重构的过程。它帮助我们调整对他人行为的解读，从一种消极、负面的视角转变为一种更加积极、理解的视角。这种自我审视和反思能够让自己体会和理解到对方的过失，我们会学会更加客观地看待他人的行为，减少偏见和误解，从而降低厌恶感。

同时，对等代入技巧还能够提升自我意识和情绪管理能力。在反思自己的过程中，我们能够更加清晰地认识到自己在事件中的角色和责任，从而更加理智地处理问题，尽快终结负面情绪对自己的消耗。这种自我意识的提升，不仅有助于我们更好地应对当前的挑战，还能够促进我们的长期个人成长和发展。

在现代职场中，冲突管理已经成为一个重要的议题。一些明智的企业和组织会特意培训员工采用对等代入的方式来化解职场冲突。通过引导员工反思自己在事件中的角色和责任，理解对方的立场和动机，这些企业和组织成功地减少了职场中的摩擦和冲突，提升了团队的凝聚力和工作效率。

调整关注

对于大多数可过滤的冲突事件而言，事情本身可能并不严重，所以你的注意力就会完全放在当前的情绪中，更多会沉浸在“他人让我不满”的情绪中，而不是“我不开心”的情绪，而你的目的是平和地过滤冲突，就要消除对对方的不满，那么你就要试着将你的注意力从“对方让我不满”转移到“我自己的感受”上。

比如，当领导对你大发脾气后，你知道不好与对方谈判，因为你不能失去这份工作，所以你可以过滤掉这个冲突。那么这个时候，你就不要一直沉浸在“领导对我发脾气了”这类关注中，这只会不断强化你对领导的反感和厌恶，此刻你可以更多地关注自己，“我被骂了，很不开心，很生气”“我好受挫，很气馁”“我有点怀疑自己的能力”……这并不是为了让你把对方对你的攻击转移到对自己的质疑中，而是让你更多地关注自己的感受，而不是给你感受的那个人，这样可以首先降低自己对他人的偏见和厌恶，先过滤掉与外界的冲突。而至于自己内在情绪的处理，我们会在第三章中详细讲解。

此外，调整关注点还能够提升我们的自我感知力。自我感知力是指对自己内心世界、情感和需求的敏感度和理解力。当更加关注自己的感受时，我们更容易察觉到内在需求和情绪状态，从而更有方向地解决问题，规避内耗的发生。

心理学中的认知资源理论指出，人类的认知资源是有限的。当我们过度关注他人时，会消耗大量的认知资源，导致在处理自身问题时资源不足。因此，将有限的认知资源用于关注自我成长和提升，将更有助于实现个人成长。

奥普拉·温弗瑞曾一度面临公众的质疑。一个广为人知的例子是，在她主持节目的早期，有人批评她的节目风格过于煽情或过于关注个人故事。面对批评，奥普拉没有选择回击或辩解，而是深入思考这些批评背后的原因。她开始更加关注作为主持人的角色定位，以及如何通过节目为观众带来真正的价值和启发。通过调整关注点，奥普拉不仅没有被外界的批评击垮，反而将这些批评转化为自我提升的动力。她不断改进节目内容和风格，最终使《奥普拉·温弗瑞秀》成为全球最受欢迎的脱口秀节目之一。

共创思维

试想一下，当你在接收到来自家人恶劣的态度和情绪时，是不是会本能地回怼或者质问对方，要求对方道歉，为什么呢？我们总是第一时间本能地去争论对错或讲道理。讲道理是没错的，但是你要知道，很多时候家人当下的情绪或者不合常理的行为背后可能是有他的某种需求。比如孩子突然哭闹并一定要让你抱，会不会是因为你刚刚抱了别人家的孩子，他只是想夺取你的关注。

所以，面对家人突然的或莫名的坏情绪的冲击，如果并未发生伤害性事件，可用共创思维过滤掉对方的情绪——就是和对方站在一起，共同面对他的情绪怪兽，去帮助他觉察情绪背后的需求。

共创思维的过滤理念就在于，和你最亲密的家人站在一起去解决问题，而不是制造更多问题。在家庭生活中，小问题往往会因为处理不当而演变成大冲突。共创思维鼓励我们在问题初现端倪时，就采取积极、合作的态度去解决，从而防止小问题积累成大矛盾。这种方法有助于维护家庭的长期和谐与稳定。这里强调的适合共创思维的情况是指你确定对方没有对你做出什么违背原则的伤害性事件，而只是突如其来的坏情绪，你可以觉察到对方有某种需求，他只是用了偏激的行为来表达求助而已。

在家庭环境中，情绪管理尤为重要。因为家庭成员之间的情绪传递速度往往更快，影响也更深。共创思维鼓励我们觉察和理解家人情绪背后的需求，这有助于我们更有效地管理家庭情绪，防止情绪失控导致的冲突升级。

近年来，随着人们对家庭关系重视程度的提高，家庭心理咨询逐渐成为热门行业。许多家庭咨询师都强调共创思维在家庭冲突解决中的重要性。他们鼓励家庭成员共同面对问题，通过沟通和合作来寻找解决方案。这种方法的成功应用不仅有助于改善家庭关系，还为社会的和谐稳定作出积极贡献。

以上是过滤他人引发的内耗的五种心法。

然而，过滤冲突不是说我们要逃避问题，而是要学会把精力集中在更重要的事情上。如果我们一味地追求所谓的“正义”和“公平”，可能会陷入无休止的争执和斗争中，消耗掉我们的精力和能量，毕竟，我们的时间和精力都是有限的，如果总是被一些琐碎的冲突牵绊，我们就很难有时间去提升自己、实现自我成长。

总之，过滤掉没必要的冲突是一种清醒理智的态度。它可以帮助我们更好地管理自己的精力，避免被无谓地消耗。同时，它也可以让我们找回内心能量，消融内耗。

本节思考

回想一下，你的生活中最近一次遇到“没必要的冲突”是什么时候？当时的情况是怎样的？你是如何运用本节提到的心法来过滤掉这场冲突的？如果没有运用，现在回头来看，你觉得可以怎样更好地处理？

第二节　表达真我：三种表达方式，明确个人底线

在前边我们一起探讨了在与他人之间发生冲突时，可以有效过滤冲突的几种技巧。过滤是为了节省心力成本，为了筛选掉没必要的纷争，并对外界引发的内耗进行一定降级——也就是过滤掉他人的错误，不与他人计较，只需修复内在的问题（我们说过，他人引发的内耗中一定会夹带着自我内耗）。而且相对于自我和解来说，与对方进行交涉和谈判的精力成本肯

定要高很多，适当过滤是为了让自己更轻松，更加专注地面对自己。

但是，你要明白的是，过滤并不是让你对别人的错误一味容忍而过度妥协自我，如果谅解对方让你觉得特别憋屈和压抑，那就说明你的内心有强烈的需求需要被看到，就要勇敢地向对方表达你的需求，告知对方你的底线。而不是强迫自己大度，否则就不是过滤，而是将对方对你的伤害转化为自我攻击，从而陷入更深的内耗中。

在日常生活中，大多数容易内耗的人恰恰并不擅长表达自己，或者总是做无效表达。要么一味忍气吞声不敢把心里的话说出来，要么就是在情绪之下一股脑地攻击对方，引发更严重的冲突和争吵，这样不但不会得到想要的尊重，甚至会使双方关系变得更糟糕，需要耗费更多心力时间在这些无止的纠缠中，让自己陷入更严重的内耗中。

比如，你和朋友约好了一起去看电影，但这位朋友总是迟到，让你在电影院门口等很久。你可能会觉得不舒服，但又怕说出来会让对方不高兴，所以每次都忍气吞声压抑怒火，但是心里特别不满。直到有天这位朋友又一次迟到，你忍无可忍给他打电话并劈头盖脸地责骂：“你懂不懂礼貌？有没有做人的素质？怎么这么自私，一点都不考虑别人的感受！”你可能会说很多伤人的话，这样的发泄只会让对方感受到攻击和指责，一定会引来对方的针锋相对，不可避免引发一场争吵。双方都觉得很累，关系也因此变得紧张甚至破裂。更重要的是，争吵之后你可能会觉得更加憋屈和压抑。你会反复回想争吵的过程，觉得自己表达不到位，或者觉得对方根本不理解你，你会更加疲惫和焦虑，甚至会影响到工作和生活。

所以，一股脑儿地回击虽然能短暂地发泄情绪，但往往会让自己更加内耗。我们需要找到更明确的方式来表达自己的感受和底线，既能避免无谓的争吵，又能让对方更好地理解你，从而达到更好的沟通效果。到底如何有效表达呢？在这里，我将给你三种有效的表达方式：机变转告、委托转告和直面相告。

前两种表达方式都是间接沟通的方式，也就是不需要直面对方。因为有些时候，你感受到的对方引发的内耗，有可能是对方不知情的，或者对方并非有意为之，你会觉得面对面过于严肃反而会强化问题的严重性，或者担心自己语气不善，会让双方更加尴尬或者带来更大的冲突。但你并不想用冷战解决问题，所以为了控制沟通的成本和风险，可以先采取前两种温和的表达方式，尽量用最小的成本达到沟通效果，如若不行再升级直面相告即可。

机变转告：巧妙暗示，让对方心领神会

机变转告，顾名思义，就是动用一点小心机的转告方式，即装作不经意地让对方知道你的底线和态度。听起来可能有些“狡猾”，但实际上，它是一种既保护自己又尊重他人的沟通方式。它不需要你直接面对对方，而是通过一些巧妙的暗示让对方了解到你的需求。

比如，同事总是用你的水杯喝水，你可能觉得不舒服，但又不愿直接发生冲突。这时，你可以采用机变转告的方式，装作不经意地让对方知道你的感受。具体怎么做呢？

你可以在微信朋友圈发一条仅对他可见的动态，点评一个电视剧里跟你们类似的剧情，表达你的观点：人与人之间需要有边界感，你也不喜欢别人随便用你的东西。这样，对方在看到你的动态后，可能会意识到自己的行为给你带来了不适，从而有所收敛。

除了朋友圈动态，机变转告还可以通过其他方式实现。比如，你可以在聊天时无意中提到一个相关的新闻或故事，然后顺势表达你的看法。或者你也可以在对方做出让你不舒服的行为时，用一个幽默的方式回应，让对方意识到自己的行为有些不妥。

机变转告的关键在于“不经意”和“暗示”。你不需要直

接指责或批评对方，而是通过一种更柔和、更隐晦的方式传达你的信息。相比于直接的指责，机变转告更能引起对方的思考和自省。通过暗示和间接表达，对方更有可能在内心产生共鸣，从而主动调整自己的行为。这样既可以维护彼此的面子，又可以避免直接的冲突。当然，这种方式也需要一定的技巧和练习，你需要学会如何巧妙地包装你的信息，让它既不明显又不易被忽视。

总之，机变转告是一种既保护自己又尊重他人的沟通方式。当然，这种方式也需要你具备一定的观察力和判断力，你需要根据对方的性格和反应来调整你的语气和方式。

委托转告：借助第三方力量，传达你的声音

委托转告，就是指委托一个人代替你跟对方沟通。

如果说机变转告是一种巧妙的暗示，那么委托转告则是一种更为直接的间接沟通方式。它不需要你直接面对对方，而是通过一个可信赖的第三方来传达你的声音。由第三方传达的信息往往更具客观性，因为第三方通常没有直接的利益冲突。这使得对方更容易接受并重视这些信息，从而增加沟通的有效性。

但要注意，这里的委托关系是保密的，只有你和被委托人知道是委托关系，切勿让你的谈判对象知道是你特意委托

的。原因有三：一是如果委托人传达不准确，会使对方产生更大误解，但由于对方不知道是你委托为之，你就还有余地去做其他形式的沟通；二是对方一旦知道你委托了他人，可能会感受到被你们孤立，也会容易被激怒；三是对方发觉你委托他人而不是直接跟他沟通，可能会因此感觉到你的胆怯，从而更加无视你。

比如，你可以跟你的好朋友或者同事说："我觉得小李总是用我的水杯喝水让我有点不舒服，你能不能跟他说一下，让他注意一下这个问题？"

要注意，第三方应该是你们都信任的人，而且最好跟对方有一定的关系或交集。这样，他的表达才更有可能被对方接受和重视。同时，你需要确保被委托人能够准确地传达你的意图，并且以第三方视角去描述问题。这样，既可以避免直接冲突，又可以让对方了解到你的底线和需求。

当然，委托转告也有一定的风险。比如，如果第三方传达不当或者谈判对象并不在意他的看法，那么你的信息可能就无法达到预期效果。因此，在选择委托转告之前，你需要仔细考量第三方的可靠性，并且做好合理的心理预期，即使这种方式不一定能完全解决问题，但至少它为你提供了一个温和表达需求的机会。

总之，委托转告是一种借助第三方力量来传达你声音的沟通方式。它可以降低你直接面对冲突的压力和风险，但也需要谨慎选择第三方并清楚地传达你的信息。

直面相告：勇敢表达，守护你的底线

机变转告和委托转告都是比较温和的沟通方式，但在某些情况下，当你觉得无法再隐忍，可能还是需要直接面对对方，进行一对一的交流，才能更加明确地表达自己的立场和需求，也就是直面相告。

直面相告是最直接、最坦诚的沟通方式，也需要一定的勇气和技巧。首先，你需要选择一个合适的时机和环境，确保你们能够在一个相对私密、不受干扰的环境中进行沟通。其次，你需要清楚地表达你的感受和底线，让对方明白你的立场和需求。最后，你也需要做好足够的准备来应对对方的回应，无论对方是接受还是拒绝。

在这里给到你一个表达公式：描述客观事实 + 描述自己的感受 + 描述自己的期待。

- 描述客观事实：客观、中立地描述对方的具体行为或言论，避免主观臆断和情绪化的言辞，也就是看到什么就是什么，不要给对方贴标签，不要添油加醋无端指责，而要客观中立地描述事实，这样才能避免将冲突上升到人身攻击，而是将关注点放在解决问题上，为后续的良性沟通打下基础。

- 描述自己的感受：告知对方这个事情给你带来怎样的感受。你有几分感受就描述几分，不需要过于委婉和克制，也不要夸大其词。重点是描述自己的感受，而不是抨击对方，通过描述自己的感受，让对方更加深入地感受到自己的情绪，也清晰地了解到自己受到的影响，有助于双方建立更加真诚和亲密的关系，为沟通创造有利条件。
- 描述自己的期待：在明确表达自己的感受之后，我们需要清晰地阐述自己的期待，即你希望他能做什么，你希望能有怎样的解决方式，从而让对方了解你的期待的背后需求，为双方提供一个明确的沟通方向，而不是互相指责与攻击。

举个例子，你因为家人总是把脏衣服丢在床上而生气，就可以这样表达："你有好几次把脏衣服放在床上，我曾说过不要放在床上，但你都没有改正。这让我感到非常疲惫，因为我需要一次次把脏衣服拿到洗衣机里，而且脏衣服还会弄脏床单，我还要花时间清洗床单。这让我觉得你没有体谅我的辛苦，我真的很生气。我希望你能把脏衣服直接放进洗衣机里，这样可以避免额外的家务。"

通过直面相告的方式，你可以明确表达自己的需求和底线，让对方了解到你的立场和感受。同时，这种方式也可以促进双方之间的沟通和理解，有助于解决问题和改善关系。沟通理论研究表明，有效的沟通需要清晰的信息传递和接收。在表达个人底线时，明确、具体的语言更有助于对方理解和接受你的观点。

同时也要明白，沟通是一个过程，可能需要多次进行。如果一次状态不好或者对方没有配合意愿，我们可以换个时间再进行沟通。但只要双方都有沟通意愿并且愿意为关系做出努力，那么通过有效沟通解决问题并改善关系是完全有可能的。如果多次沟通后对方仍然不愿配合或改变行为模式，那么你可以选择接纳对方，也可以选择继续设局来引导对方改变行为模式——这也是我们下一节将要探讨的内容。

最后，直面相告不仅是对他人的沟通，更是对自我的挑战。我们表达需求并不是为了制服对方，而是为了给自己一个交代、告知对方你的底线。即使有时候沟通改变不了什么，但它能让你对内在的需求做一个回应、让你接纳自己、拥抱自己，这一过程本身就是个人成长的重要一环。

本节思考

回想一下，你最近一次感到需要明确个人底线的情况是什么？你是如何表达自己的？如果没有表达，现在想象一下，如果你使用本节提到的“机变转告”、“委托转告”或“直面相告”中的一种方式，你会怎样行动？

第三节　影响他人：策略设局，步步为营

上一节我们探讨三种表达自我的方式，表达自我是言语上的沟通，然而，当言语沟通无法达到预期效果时，我们就需要采取更为实际的行动——设局。设局，简而言之，就是通过一系列精心设计的活动和策略，切实地付诸行动，以满足自己的需求，终结内心的不满。简单点说就是：面对他人带来的内耗，当言语上沟通无效时，我可以为自己做点什么？

设局的对象多种多样，可以是环境、关系、自己，或是他人。其中，设局环境和设局关系相对较为简单，因为它们不涉及对人的直接调整，更容易实施，也不易引发双方的抗拒。而后两者，设局自己和设局他人，则需要我们做出一定的调整，要么改变自己，要么引导他人改变。

我们先来看一个我的学员小美的真实案例。

小美家属于普通的双职工家庭，一直都是婆婆来家里帮小两口照顾孩子。而自从和婆婆在一起生活后，代际的观念差异滋生了各种矛盾。特别是在育儿方面，婆婆总是沿用她过去

的经验并对孩子过度宠溺，给孩子养成了很多坏习惯——比如每天晚上睡前一定要看动画片到很晚，只要小美严厉呵斥孩子关电视回屋睡觉，婆婆就会站出来维护孩子，导致小美的教育难以进行，而孩子越来越擅长拿奶奶当挡箭牌，眼看孩子睡得越来越晚，白天上学经常赖床，而且老师反映孩子白天经常打瞌睡。另外，受奶奶的影响，在孩子眼里妈妈越来越像坏人，严重影响了她们的亲子关系，这让小美无比困扰。

在小美的这个案例中，家人显然已经给小美带来了实质性的损耗，小美需要耗费更多的时间和心力来处理孩子的成长教育以及亲子关系的损耗，我们说过，他人引发的实质性的损耗一定是同时包含着其他低层次的内耗的，在进行过一系列的过滤和谈判后，我们以这个案例展开讲解接下来的设局方法。

一起赢才算真正的赢家：设局环境

我们首先选择最简便可行的设局环境——在四种设局方法中，设局环境是风险最低以及代价最小的。顾名思义，设局环境就是指通过调整环境或时间、空间等客观条件来同时满足双方的需求，这个过程中并不涉及双方对彼此的说服和改变，这也是双方最容易接受的结果。

环境心理学研究表明，环境对人的行为和心理状态有着深远的影响。通过调整环境，我们可以间接地影响他人的行为和态度。

那么，在小美的案例中，是小美和婆婆之间出现了育儿冲突，我们思考一下可以如何设局环境？

例如，她可以考虑与老人分开生活，聘请专业的育儿嫂来分担家务。这样，孩子父母就可以主要负责孩子的教育，从而避免隔代养育带来的负面影响。这是一个既实际又可行的解决方案。另外，她也可以尝试与老人协商好各自的分工时段。在某个特定的时间段内，由妈妈全权负责孩子的教育和照顾，而奶奶则暂时不参与。这样可以确保妈妈在教育孩子时有足够的权威和自由度。

还有一种方法是利用技术手段来设局环境。例如，她可以将家里的电子产品设定好可使用时间，在规定时间内无论是老人还是孩子都无法开启。这样可以有效控制孩子观看动画片的时间，从而改善孩子的睡眠习惯和学习状态。

需要注意的是，这些方案并不一定都是最佳的选择。关键在于尽可能列出所有能够想到的方案，并与相关人员进行充分沟通和协商。直到找到一个双方都觉得可行且满意的解决方案为止。在这个过程中，我们不仅要关注看得见的环境因素，还要考虑到时间、空间等隐形的客观条件对设局的影响。

重新定位舒适的关系：设局关系

如果你发现无论怎样调整环境，对方都无比抗拒，下意识抵触和反对，那么这个时候设局环境就无法继续了，问题可能出在双方对彼此的关系认知和主观意识上——也就是说，对方认为你所做的一系列环境调整行为，不符合他对你们之间的关系认知，他本来就不认为你们之间的冲突是个问题。

在这里引出一个概念：关系定位。很多人面对的关系冲突并不是来自双方的言行对错，甚至也不是价值观的问题，而是来自对方在自己的关系中的定位偏差。

比如小美的案例中，婆婆总是干涉儿媳妇的教育方式，这个表现就存在明显的关系定位偏差——你需要让婆婆意识到，父母才是孩子的第一监护人和教育负责人，婆婆对妈妈教育孩子横加干涉属于一种越界行为，究其根本，其实也源于大家对于婆婆在家中的角色分工可能不够明确。同时，你也需要让孩子意识到，父母是他的成长负责人，他不可以把奶奶当成自己的庇护伞，更不可以把父母当成敌人，他需要意识到父母在自己的成长中是监督者和顾问的角色。

社会研究学表明，人们在关系中的定位和角色认知对于关系的稳定和发展至关重要。当双方对彼此的角色和定位有清晰、准确的认识时，关系更容易维持和谐与平衡。社会认同理论也认为，在人际关系中，当个体对彼此的社会认同有共同的理解时，他们更容易形成共同的价值观和行为规范，从而促进关系的稳定和发展。所以，如果我们意识到出现了关系定位偏差，我们要让彼此回到正确的关系定位中——如果自己之前有不妥之举，可自我调整重新定位，如果对方有不妥，可与对方开诚布公地沟通。

那么，面对关系定位出现偏差的婆婆，小美应当怎么做呢？

要着重跟老人沟通双方的立场问题，让老人意识到教育是父母的责任也是权利，老人要遵守合理边界，不可影响小美的家庭教育工作，从根本上矫正老人的关系定位意识。这些沟通工作需要小美花费一些时间和精力，可反复多次进行正面沟通，也可采用上一节提到的其他表达方式，比如委托转告。

除了沟通之外，小美也可通过一些实际行动来调整婆婆和孩子的认知。比如当老人包庇孩子的无理行为时，小美要对老人进行正面干预，并对孩子进行正面管教。让老人意识到自己的越界，也让孩子意识到无法借助奶奶的宠溺躲避父母的监督。

当然，如果你暂时无法改变对方的意识也没关系，起码先让自己保持足够清醒，不要为对方的认知偏差买单，就能降低很多无谓的内耗。而有些时候，在关系定位偏差过于严重的情况中，可能需要双方重建新的关系。

再举个比较极端的例子：夫妻二人由于经历不同，各自的人生规划出现明显的分歧，一人努力向上不停成长，一人安于现状止步不前，产生了种种思维和认知差距，精神上越来越无法契合，相处越来越像搭伙带孩子的室友，那么这个时候如果重新调整关系定位，可能会让彼此更舒服——比如离婚，成为普通朋友。

当然，这只是一种比较极端的情况。对于大多数可以调试的关系，只是重点调整内心对对方的关系定位，就可以降低很多对外界无谓的期待和操控欲，就可以化解很多困扰了。无论是在职场还是生活中，只有当我们明确自己的定位，并尊重他人的身份和角色时，才能建立起更加和谐、稳定的人际关系。

改变自己其实没有那么难：设局自己

在经过前两轮设局尝试后，如果问题仍然无法得到解决，那么我们就需要上升到设局人的层面了，而此时，往往触及的是双方价值观的深层冲突。我们要知道，设局人意味着必然会产生对人的改变，要么调整自己，要么改变对方，而改变他人无疑是最艰难且风险最高的路径。因为没有人喜欢被说服、被改变，最舒适的关系莫过于允许对方保持自我。正如阿德勒说过：“心态健全的人，不会试图改变对方，而是改变自己。”因此，若能通过自我调整来化解问题，就应尽量避免改变他人。

那么如何设局自己呢？分为两种方式：自包揽和愿意同化。

自包揽，即我选择不与对方正面交涉，或不愿承担改变对方可能引发的关系风险。即使对方行为不当，违背了规则，给你带来了种种困扰，但你仍愿意自己承担这些后果，愿意投入额外的时间和精力去解决。

比如，小美不愿让辛苦帮忙带孩子的婆婆感到吃力不讨好，于是她回避了与婆婆的正面谈判，选择自己多花时间，寻找机会加强对孩子的教育。然而，自包揽的前提是心甘情愿，即你真的完全放下了对对方的期待，发自内心地愿意自己承担后果，而非出于表面的和谐而隐忍委屈，否则仍会陷入内耗，久而久之依然会爆发。

愿意同化，则意味着我被对方的价值观所吸引，愿意与对方保持一致，这样冲突便不复存在。

比如，小美开始接受老人带娃的方式，理解隔辈亲的情感，接受老人对孩子的宠爱是他们独特的爱的表达方式。她放弃了说服或改变老人的念头，冲突因此得以化解。当然，同化的前提同样是真心愿意改变自己的价值观。只有真心接受改变，才不会心生委屈，才能停止内耗。对于大多数人而言，价值观是相对稳定的属性，不易轻易改变。因此，如果你觉得委屈，就不必违心地接受，可以继续设局。

我们的每一步设局，都是为了满足自己的需求，都是为了给自己一个交代，而不是为了将问题揽给自己。

影响对方需要步步为营：设局他人

当走完了前三轮，你确实仍然无法说服自己作出改变，或者确实是对方的行为对你造成的影响过于严重，你无法通过调整环境关系和自己来解决问题，那么我们就需要走到最难的一个环节——设局对方。设局对方之所以最难，是因为它会涉及一个影响对方价值观的问题，它需要投入足够的时间和耐心，以及要运用一些技巧在漫漫相处中潜移默化地去改变对方的思维和意识，才能改变对方的行为。

那么如何设局对方呢？

第一，挖掘对方的需求。我们说过，行为的背后是需求，只有需求达到一定程度，才能产生行动动机，而你要知道，在同一件事情中，你的需求跟对方的需求是不一样的，所以你要挖掘到对方的需求才能够影响到他。社会心理学研究表明，人们在接受他人的影响时，往往更关注自己的需求和利益。因此，了解对方的需求是有效影响他人的关键。

如何挖掘对方的需求呢？你要去觉察对方的困扰，找到对方的痛点，觉察对方最在意什么，最害怕什么。

比如小美希望婆婆能够不要任由孩子睡前看动画片，那么小美可以根据平常对婆婆的了解，去揣摩：婆婆在孩子的养育中最担心什么？比如最害怕孩子生病受罪？那么你可以把生病与熬夜看电视的因果联系到一起，通过一些新闻或案例给婆婆传达小朋友熬夜看电视会影响健康，激发婆婆的痛点以及希望孩子健康的需求。注意，挖掘需求需要足够的时间累积，日复一日潜移默化地灌输，不要怕麻烦，也不要着急，意识的培养是需要时间的。

第二，在对方意识到问题的严重性和改变的必要性后，瞅准时机引导对方的行为。这可以通过一些具体的情境或事件来触发，让对方感受到改变的紧迫性和重要性。

比如，在铺垫一段时间后，婆婆越来越意识到孩子熬夜容易引发健康问题时，小美可以趁机激励婆婆付诸实际行动。比如当孩子再次吵闹要看电视时，小美再次提醒婆婆那些揪心的新闻，同时给婆婆发出行为指令：“妈，请您把电视关上”或“请您把孩子抱进房间”，指令一定要具体，不要太复杂，让婆婆可以立刻操作的指令，越简单越好。当然，这一步也是需要时间不断练习，因为刚开始婆婆仍会因心疼孩子而犹豫，所以需要你继续灌输意识和练习行为。

第三，要给对方足够的及时反馈。即使刚开始对方做得不太好或不太熟练，你都要给予最及时的正面反馈和认可。这种及时反馈会让对方感受到自己的改变是被欣赏的，从而增强他们继续改变的信心和动力。比如当婆婆第一次关上电视的时候，哪怕她可能犹豫了很久，但只要她已尝试行动，小美都可尽情地对婆婆进行表扬和赞美："妈，您今天做得太好了！又增强了孩子健康的习惯，减少了一次生病的可能！"这种具体甚至有量化标准的正面反馈会让对方得到极大的激励和信心，很快还会继续尝试。

第四，整个过程中还有一项非常重要的工作，就是提高你的影响力。用你的影响力去影响对方。影响力一方面来自身体力行和以身作则，用你自己呈现出的好状态以及拿到的好结果让对方对这一切产生向往；另一方面来自足够亲密的关系，所以要在平时就有意识地培养关系，多倾听对方，给予对方足够的尊重和接纳，建立彼此之间的信赖以及自己在对方心中的可信度。比如，在教育孩子的例子中，你的行为和态度就是最好的榜样。无论老人如何干预，小美都要温和而坚定地拒绝孩子的无理请求，并给予充分的拥抱和安慰，你所表现出的从容和智慧是能够感染到婆婆的。

最后，要强调一点：我们并不能确保可以完全改变对方，只能尽自己全力潜移默化地去影响对方，最大限度对自己的需求负责即可。

在电影《放牛班的春天》中，马修老师面对一群被遗弃的问题少年，没有选择体罚和压制，而是用自己的智慧影响他们做出改变。比如，他发现了孩子们的音乐天赋，并组建一支合唱团，通过音乐来教育、引导他们，并为他们创造积极的学习环境、以身作则、给予正面的反馈和鼓励以及引导孩子们发现自我价值等方式，成功地激发孩子们的行为动机，促使他们改变自己的行为和态度，学会尊重和团结。马修老师用自己的行动影响了孩子们，解决了他们之间的冲突和对抗，为他们带来了希望和光明。

本节思考

设想一下，如果你现在正面临一个需要设局来解决的内耗问题，你会选择设局环境、设局关系、设局自己还是设局他人？

第四节 降低期待：放弃改变他人，释放执念

在前面的章节中，我们探讨了如何与他人有效沟通，表达自己的需求，以及如何巧妙地设局，影响对方使其做出改变。这些都是非常实用且有力的技巧，可以帮助你在他人内耗时争取权益。

但是现实往往并不总是那么理想化。你会发现，很多时候尽管你进行了一系列行动，但对方可能到最后都并未如你所愿地做出改变，或者无法改变那么多，这个时候，我们就需要调整自己的期待，明白并接纳一个至关重要的事实：我们无法控制外界。可能听起来有些无奈，甚至有些残酷，但它却是我们生活在这个世界上必须面对的现实。

我们很难改变他人的认知

你可能会觉得，如果自己的观点更有道理，或者对方明显是犯错方，就一定能改变对方。但是，我们要知道，每个人的认知都是由他们的成长背景、思维方式、价值观等多方面因素共同塑造的，即使你的诉求再有理有据，也难以穿透对方由无数经历和固有观念筑成的认知壁垒。每个人的认知都是他们独特人生经历的产物，是他们看待这个世界的滤镜。你无法轻易地去除这个滤镜，也无法让自己的话语成为他们认知中的唯一真理。

同时，每个人都有独有的自由意志，他们有权选择自己的思想和行为方式。我们可以尝试通过沟通和示范来影响他人，但必须认识到，我们无法操控对方对我们的看法或对某些事物的认知。我们能做的，只是基于自己的需求之上，尽力去影响对方。

在社会热点议题上，我们经常会发现，不同立场和背景的人往往持有截然不同的观点。比如，关于环境保护与经济发展的平衡问题，支持环保的人可能更强调生态环境的重要性，而支持经济发展的人则可能更看重经济增长带来的好处。尽管双方都可能提出有力的论据来支持自己的观点，但由于认知的差异，很难在短时间内改变对方的看法。这种情况下，更需要的是理性讨论和相互尊重，而不是试图强行改变对方的认知。

我们无法控制他人的行为

你可能会遇到一些人，他们的行为让你感到痛苦或不满。你尝试去改变他们，去说服他们，但结果往往徒增失望。你会发现，无论你怎么说、怎么做，对方似乎都无动于衷，甚至反而变得更加固执。这个时候，你就需要明白，我们无法控制他人的行为，就像我们无法控制天气一样。

对方的行为源于他们的认知水平，并且，每个人的行为背后都有自己的需求。即便有时候他们的言行可能会给我们带来不适或伤害，或者影响了我们的某些权益和需求，我们也必须接纳一个事实：我们对他人的改变能力是非常有限的。我们可以尝试理解他人行为背后的需求，寻求双方的共同点，但最终，我们无法控制或者说无权干预他们的行为选择。

这并不是说我们不可以去尝试改变或影响他人，而是说我们要有清醒的认识，明白我们的努力可能并不会总是得到想要的结果。在家庭生活中，很多父母对子女往往存在过高的期待，希望他们能考上名校、事业有成等。然而，当这些期待无法实现时，父母和孩子都会感到失望和痛苦。相反，如果父母能够降低对子女的过度期待，理解和接纳他们的个体发展节奏，那么家庭关系会更加和谐，父母和孩子也会感受到更多的幸福。

◎ 调整期待，减少内耗

过高或不合理的期待是导致内耗的主要原因之一。当我们对他人或客观环境抱有过高期待时，往往会因为现实差距而产生挫败感。这种挫败感会消耗我们的精力和情感，让我们陷入无谓的挣扎和痛苦中。

要减少内耗，我们需要学会调整自己的期待。首先，我们要认识到自己的期待是否合理和可行。如果期待过高或不符合现实情况，就需要勇敢地调整它们。其次，我们要学会接受现实与期待的差距，并寻找积极的解决方案，而不是一味地抱怨和指责他人或环境。

在工作中，我们可能总会期待同事或下属完全符合我们的要求和标准。然而，每个人都有自己的工作风格和节奏，很难完全按照他人的期待行事。当我们意识到这一点时，就需要调整自己的期待，尊重他人的工作方式和节奏。这样，我们不仅能减少因期待不符而产生的内耗，还能提升团队的协作效率和整体氛围。

◎ 真正的自由不是牵制别人，而是掌控自己

基于以上几点，我们可以得出一个重要结论：我们能做的并不是一定要改变对方，要求对方按照我们的期待去行事。将自己的期待放在他人身上，只会徒增我们因无能为力而产生的痛苦和执念。所以，我们可以调整自己的视角和思维方式，接纳自己，尊重自己，尽一切努力来保护自己，降低外界对我们的伤害和影响。只要尽力而为，我们就可以最大程度规避内耗，因为内耗的根源在于自己的妥协隐忍，而终结内耗的尽头就是接纳自己，也接纳世界。

当你不再将希望寄托于他人身上，而是转而关注自己的成长和改变时，就会发现，你拥有了更多的力量和掌控感。你不再因为对方的言行而轻易动摇，也不再因为无法改变对方而感到痛苦和挫败。因为我们永远无法控制他人，但我们永远都有掌控自己的权利。当你将解决问题的办法从他人身上转移到自己身上时，会获得真正的自由，这种自由不是来自外界的改变，而是来自你内心的转变和成长。你可以决定自己如何看待

问题，如何应对困境，如何保护内心不受伤害。同时，你不再依赖他人的行为来定义自己的幸福或满足感，你开始控制自己的反应，而不是被动地接受外界的影响。这种转变不仅可以有效减少内耗，还可以增强自我效能感和幸福感。

◎ 几个实用建议

具体如何降低期待，释放执念呢？以下是几个实用的建议。

第一，学会接纳和尊重差异。每个人都有独特的成长背景和思维方式，这导致了人与人之间的差异。学会接纳和尊重这些差异，是降低期待、释放执念的重要一步。当你不再试图改变对方，而是接纳对方后，会发现你们之间的关系变得更加和谐。

第二，专注于可控因素。专注于提高自己的沟通技巧，比如更清晰、更自信地表达自己的观点，这样即使对方打断你，你也能保持自己的立场。

第三，关注自己的成长和改变。将注意力从他人身上转移到自己身上，当你专注于提升自己的能力、丰富内心世界时，会发现你对他人的期待和执念自然而然地减少了。因为，你已经拥有了足够的力量和自信，去面对生活中的各种挑战。

第四，培养自我边界感。明确自己的边界，知道自己在哪些方面可以妥协，在哪些方面则必须坚持。这样，当他人试图侵犯你的边界时，你就能清晰地意识到，并作出坚决的回应，而不是一味地忍受他人的侵犯，或是对他人产生不切实际的期待。

第五，学会独处与自我反思。有时候，我们需要给自己一些独处的时间，用来反思内心世界。在独处的过程中，你可以更加深入地了解自己的需求、感受和期望。通过这样的自我反思，你可以更加清晰地认识到哪些期待是合理的，哪些是不切实际的，从而更好地调整自己的心态。

第六，寻求专业帮助。如果你发现无法独自应对内心的执念和期待，不妨寻求专业成长导师的帮助。他们可以提供更加具体和个性化的建议，帮助你更好地调整自己的心态和行为。

美国心理学家班杜拉在 20 世纪 70 年代提出了自我效能感这个概念，自我效能感的理论表明，当人们将注意力从外界转向内部，关注自我成长和内在需求时，他们的幸福感和自我效能感会显著提升。那些注重自我成长和内在需求满足的人，在面对生活中的挑战和困境时，表现出更强的适应能力和更高的幸福感。

在婚姻关系中，很多人最容易存在的一个执念就是——总期望伴侣能按照自己喜欢的方式生活，希望对方完全符合自己的想象和期待。但这样的期待总是落空，导致自己经常感到痛苦和沮丧。每个人都是独立的个体，有着自己的思想和行为方式，倘若尝试调整自己的视角，学会接纳和尊重伴侣的差异，专注于提升自己，而不再依赖伴侣的改变来定义自己的幸福时，往往会更容易收获婚姻的幸福，建立起更加健康稳定的亲密关系。

降低期待、释放执念并不是一件容易的事情，它需要我们付出时间和努力。但这是一条通往内心自由和成长的重要道路。当你学会了放下对他人的期待和执念时，会发现，你拥有了更多的力量和智慧去面对生活中的各种挑战。同时，你也将更加珍惜和爱护自己，因为你已经明白了：无论外界如何变化，你都有能力掌控自己的内心和生活。真正的自由和幸福来自内心的成长和转变。

本节思考

回想一下，你的生活中是否有因为对他人的期待过高而产生内耗的经历？试着描述这个场景，并分享你是如何意识到这个问题并尝试解决的。如果还没有解决，你计划采取哪些措施来降低对他人的期待，释放自己的执念？

第五节　勇敢抉择：清理那些消耗你的关系

我们在前面探讨了应对他人引发的内耗的沟通技巧和设局方法，目的是尽量在不破坏关系的前提下表达自己的需求，对自己负责。所以，与对方进行这些沟通的一个最重要的前提是：你想建立或维护与对方的关系。

但是在生活中还会遇见一些你根本不愿意和对方建立关系的情况，比如对方与你认知差异太大，你觉得沟通的心力成本太高，超出你的承受范围，或对方品行不端、有违正确的价值观，或对方的行为已经严重违背了道德良知甚至踩踏了法律红线等。在这些情况下，你觉得已经没有必要再维持当前的关系，你不愿再为对方耗费时间和精力，那么你可以选择远离对方，放弃关系，终止内耗。

也就是说，并非所有的关系都值得你投入心力去经营，也并非所有的关系都能为我们带来正面的影响。有些关系如同慢性毒药，悄无声息地侵蚀着你的精力和情感，让你陷入无尽的内耗。所以，你要以自己的需要为主，以建立美好人生为核心去建立一切能够带来幸福的关系。而幸福的关系，并不在于多，而在于精。要让你的关系成就更好的你，而不是过度消耗自己而去背负低质量的关系。

有心理学研究指出，长期处于不健康的关系中会对个体的心理健康造成严重影响，包括焦虑、抑郁和低自尊等。社会学中的“社会支持网络”理论指出，个体需要建立积极、健康的社会关系网络来支持自己的成长和发展。远离劣质关系是维护这一网络的重要一环。

识别消耗你的劣质关系

我们需要识别出那些消耗你的劣质关系。这些关系可能表现为：

- 持续的负面情绪交流，如频繁的争吵、指责和抱怨。
- 在大是大非面前，存在价值观的严重对立，与对方的接触可能会触及道德或法律的红线。
- 一方或双方在关系中感到不安全、不被尊重或被利用，甚至威胁到你的生命安全。
- 对方对你施加不合理的或病态的精神控制，严重影响你的身心健康和个人发展。

当发现自己处于这样的关系中时，你需要停下来，认真地评估这段关系对你的影响。记住，你有权利选择那些能够给你带来正能量和支持的关系。

如何清理你的劣质关系

◎ 隔离：在空间上远离对方，避免被打扰

隔离，是一种有效的自我保护方式。当你发现某个人或某段关系正在不断消耗你，让你感到疲惫不堪时，可以选择在空间上远离对方，避免不必要的打扰。

比如，你在工作中遇到了一个不可理喻的上司。他经常对你提出无理要求，或者对你的工作成果进行不公平的评价。在这种情况下，你可以尝试申请调离当前部门，或者寻找一个更加适合你的工作环境。通过隔离的方式，你可以避免与这样的上司产生更多的矛盾和冲突，从而保护自己的身心健康。

隔离并不是一种逃避或软弱的表现，而是一种明智的自我保护。当你发现某个人或某种关系正在对你造成负面影响时，你有权选择远离他们，保护自己的利益和幸福。在社交媒体时代，网红和公众人物经常面临粉丝的过度关注和不当行为。一些网红在发现某些粉丝的行为已经严重干扰到自己的生活和工作时，会选择公开声明或采取必要手段隔离对方，维护自己的权益。

◎ 求助权威力量：在必要时寻求外部支持

有时候，我们可能会遇到一些更加严重的情况，比如遭

遇暴力或欺凌。在这些情况下，我们不能仅仅依靠自己的力量来应对，而需要寻求外部的支持和帮助。例如，求助权威力量，包括向父母、老师、领导等寻求帮助，也包括报警、打官司等法律手段。当你遭遇暴力或欺凌时，不要犹豫，立即向身边的权威人士求助。他们可以提供你需要的保护和支持，帮助你摆脱困境。

举个例子，你在外面遭遇突然的暴力时，可以立即向身边的保安、管理者等求助，让他们帮助你制止暴力行为。同时，你也可以立即报警，让警方介入处理。通过求助权威力量，你可以有效地保护自己的安全和权益，避免受到更多的伤害。

除了暴力或欺凌等严重情况外，当你在生活中遇到一些难以解决的纠纷或冲突时，也可以考虑向专业的律师或法律机构咨询法律问题，寻求帮助和建议。通过外部力量的介入和协助，你可以更加有效地解决纠纷或冲突，维护自己的权益。

◎ 断交：果断终止不健康的关系

在一些极端的情况下，我们可能会遇到一些严重违背我们原则或价值观的人。他们可能会对我们的身心造成极大的伤害，甚至威胁到我们的生命和安全。在这种情况下，我们需要果断地终止这段不健康的关系。

断交，包括断绝来往、断绝关系等方式。当你发现伴侣出现了严重的家暴行为或者违背你原则的严重事件时，你可以考虑通过离婚的方式，帮助自己摆脱这段不健康的关系，保护自己的身心健康和权益。

需要注意的是，放弃关系并不是为了刺激对方或一时之爽。我们活着的每一天都会与各种各样的人建立关系，也会遇到各种各样的摩擦和冲突。经营关系的秘籍在于训练自己强大的内核能力，培养建立关系、应对冲突的能力。而不是一言不合就放弃关系。如果我们缺乏应对冲突的能力和勇气，即使放弃了当前的关系，也仍然会被新的关系困扰。

因此，在决定断交之前，你需要认真考虑这段关系是否值得你继续投入心力和时间。如果你已经尝试了多种方式来改善这段关系，但对方仍然不愿意做出改变或者试图继续伤害你，那么你可以果断地选择断交。通过断交的方式，你可以避免更多的伤害和痛苦，为自己的未来创造更好的可能性。

同时，在断交的过程中，你也需要学会保护自己的权益。比如，你可以寻求专业的律师帮助，通过法律手段来维护自己的权益。

我的学员小芳是一个温和善良的女孩，但嫁给了一个有严重家暴倾向的丈夫。在婚姻初期，她以为丈夫的暴躁只是暂时的情绪失控，以为自己可以用爱和耐心去改变他。但随着时间的推移，丈夫的家暴行为愈发严重，甚至开始威胁到她的生命安全。在我的建议下，小芳寻求法律援助，并最终决定离婚。离婚的过程并不轻松，小芳需要面对来自丈夫的威胁和恐吓，还需要处理烦琐的法律手续。但她没有放弃。在律师的帮助下，她成功结束这段痛苦的婚姻，并获得了应有的权益保障。离婚后的小芳重获新生，她重新规划自己的生活，逐渐找回了自信和快乐。

在人生中，我们会建立各种各样的关系。有些关系会给我们带来快乐和成长，而有些关系则会消耗我们的能量和幸福。当身处不健康的关系中时，你有权选择终止这种消耗你的关系，保护自己的幸福和安全。放弃关系并不是软弱或逃避的表现，而是一种明智的自我保护，你需要学会识别哪些关系是值得投入的，哪些关系是需要放弃的。只有这样，才能避免不必要的内耗和痛苦，并且会发现你的内在力量也在随之增强。正如史蒂夫·乔布斯所言：“你的时间有限，所以不要浪费时间活在别人的生活里。”愿我们都能勇敢地做出抉择，活出真实的自我，享受幸福而充实的生活。

本节思考

回想一下，你的生活中是否有过不得不放弃的关系？是什么原因让你做出了这个决定？放弃这段关系后，你的生活发生了哪些积极的变化？如果你还没有经历过这样的情况，想象一下，如果你面临必须放弃一段关系的情况，那会是因为什么？你会怎样处理这种情感上的“断舍离”？

第三章
消融自我情绪内耗

CHAPTER 3

在现代社会，情绪管理被视为个人成功和幸福的关键因素之一。我们每天都会遇到各种情绪挑战，如何有效地处理这些情绪，直接关系到我们的心理健康和人际关系。你可能已经在某些情况下感到自己的情绪反应超出了控制。为了帮助你更好地掌握自己的情绪，笔者提供了一个简洁的情绪管理能力检测表（见表 3.1）。通过该表，你可以更清晰地了解自己的情绪管理能力，并在本章节中针对性地获得提升情绪管理能力的方法。

表 3.1　情绪管理能力检测表

序号	问题	总是	经常	有时	很少	特别说明
1	你是否经常在面对压力时感到情绪突然崩溃?	3 分	2 分	1 分	0 分	
2	当遇到挫折或困难时，你是否容易情绪失控?	3 分	2 分	1 分	0 分	
3	你是否发现自己在情绪崩溃后很难恢复?	3 分	2 分	1 分	0 分	
4	你是否经常回想过去的负面经历并感到困扰?	0 分	1 分	2 分	3 分	反向计分
5	当回忆起过去的失败或遗憾时，你是否难以从中自拔?	0 分	1 分	2 分	3 分	反向计分
6	你是否因为过去的某个决定而持续感到内疚或后悔?	0 分	1 分	2 分	3 分	反向计分
7	你是否经常对未来的不确定性感到焦虑?	3 分	2 分	1 分	0 分	
8	你是否因为担心未来可能发生的问题而难以享受当下?	3 分	2 分	1 分	0 分	

续表

序号	问题	总是	经常	有时	很少	特别说明
9	你是否发现自己的担忧影响到了日常决策和行为？	3 分	2 分	1 分	0 分	
10	当面向未来做选择时，你是否因为过度担忧而犹豫不决？	3 分	2 分	1 分	0 分	
总分范围	评分结果：将所有题目的分数相加，得到你的总分					
30 分及以上	你可能经常面临较严重的情绪内耗问题，需要采取积极的措施来管理和缓解情绪压力					
21~29 分	你在情绪内耗方面存在一定的挑战，可能需要进一步学习和实践情绪管理技巧					
12~20 分	你在情绪内耗方面有一定的自我调节能力，但在某些情况下可能需要额外的支持					
11 分及以下	你在情绪内耗方面表现出较好的自我调节能力，能够有效地管理和缓解情绪压力					
备注	表格中的“反向计分”表示该题目的选项得分与常规顺序相反，即选择“很少”得最高分，选择“总是”得最低分。在计算总分时，请确保根据这一说明正确计算每个题目的得分					

第一节　情绪降温法：七步找回思考力

在他人引发的内耗中，即使确定是他人之过，但可能到最后对方都不愿或者无法做出改变，那么我们要学会调整自己的期待，降低要求，专注于提升自己，但这个时候，你可能会因为委屈或不甘心而存在激愤不安的情绪，无法平复自己。比如，在与伴侣反复沟通和做了各方面努力之后，你逐渐发现很难改变伴侣总对你各种说教的习惯，你决定进行自我调整，以此接纳他与你的差异。但是即便你做好了打算不与对方计较，但心里仍然会感到委屈，经常会被他的说教激起负面情绪，处理不好就容易失控。

抑或是某些事件可能与他人无关，而你的内心涌现出失落、自疑、焦虑、紧张、恐惧等负面情绪，陷入自我内耗中。比如，你参加多年未见的同学聚会，发现当初没你漂亮的同学如今身材保持得特别好，漂亮有型，你才意识到自己发福了很多，产生了强烈的自卑感，对自己产生不满和否定，陷入焦虑和崩溃中。这个时候，我们就需要学会处理内耗，包括情绪内耗和能力内耗。在这一章中，我们着重探讨情绪内耗的处理。

首先要明白，情绪没有对错，无论是积极的还是消极的，都是你的一部分，是内在需求的表达。我们不必成为一个没有情绪、波澜不惊的人，因为每个人都有自己的情绪敏感度。有些人天生情绪丰富，爱哭爱笑，这无可厚非。关键是要学会和自己的情绪做朋友，学会与情绪和谐相处，而不是被情绪奴役，从而伤害到自己。

那么，如何调节自己的情绪呢？在这里，我将教你一个与情绪对话的方法：情绪降温法。这个方法能帮助你在产生情绪内耗的时候，通过七个步骤让自己冷静下来。

第一步：识别情绪状态，按下暂停键

按暂停键的意思就是，不要在情绪膨胀或崩溃的时候做任何决定。心理学研究指出，人们在情绪高涨时做出的决策往往带有偏见，缺乏理性。按下暂停键，给自己一点时间冷静下来，是避免情绪化决策的有效方法。比如，有的人可能冲动下会发朋友圈骂人发泄，甚至冲动之下选择辞职，或者刚好家人打来电话，在情绪之上乱发脾气。

所以，识别情绪就是为了避免自己进入被情绪操控的状态，一定要意识到自己此刻是有情绪的，意识到前边有危险，先暂停一切言行，给自己一点时间冷静下来。这一步至关重要，因为它能帮助你避免在情绪冲动下作出错误的决定或不适当的行为。

当你感到愤怒或焦虑时，试着停下来，深呼吸几次，或者离开现场一会儿，给自己创造一个冷静下来的环境，告诉自己："我现在有情绪，我需要自己待一会儿。"这样，你就能给自己一点时间，让情绪得到缓冲，从而避免进入失控的状态。

亚马逊公司制定了"空椅子"规定，即高管在做出重要决策前，会在会议室放一把空椅子，代表"最重要的客户"。这个做法提醒他们在决策时要考虑客户的感受和需求，而不是被短期的情绪或压力所左右，这就是典型的"按下暂停键"的表现。

第二步：接纳情绪，别对抗（要有期限）

不要拼命地劝自己："你不能不开心，你不能小心眼，不能斤斤计较。"你要告诉自己，有情绪是正常的，情绪来串个门，我就要好好招待它，要允许它流动过去。因为对抗会让情绪来得更加猛烈，越对抗，越容易在某个时刻爆发。

那么，如何接纳情绪呢？你可以尝试一些放松的活动：

- 冥想能帮助你专注于呼吸和身体的感觉，从而让情绪得到平复。
- 找一些轻松愉悦的音乐，借助旋律平复心情。
- 散步和运动也可以让身体得到放松，同时释放掉一些负面情绪。

除了这些活动，你还可以尝试放空自己，独处一段时间，或者拿纸笔漫无目的地涂鸦。涂鸦其实就是情绪的宣泄，你可以把心中的不满和焦虑都画在纸上，然后看着它们慢慢消失。如果你觉得难过，也可以找个地方哭一会儿，让情绪有一个宣泄的出口。

认知行为疗法（CBT）强调接纳情绪的重要性，认为对抗情绪只会让它更加猛烈。设定一个期限，让自己在这段时间内充分感受情绪，然后转而处理问题，是一种有效的情绪调节策略。心理学流派提供了多种情绪调节策略，如正念冥想、情绪标签化、深呼吸等，这些方法有助于你在面对负面情绪时保持冷静和理性。

但是注意，接纳情绪并不意味着你要一直沉浸在负面情绪中。给自己设定一个期限，比如 10 分钟或 20 分钟，让自己在这段时间内充分感受情绪，然后告诉自己："好了，时间到了，我要开始处理问题了。"这样，你就能更好地掌控情绪，而不是被它们所左右。

第三步：抽离二级情绪，回到一级情绪

什么是一级情绪和二级情绪呢？我们要知道，情绪是有蔓延的威力的。当一个事件发生之后，其实让我们深陷内耗无法自拔的并不是事件本身，而是由事件本身衍生出的更多糟糕的情绪，包括各种遐想、焦虑、想象、恐慌……事件带来的直接感受是一级情绪，而后续衍生出的继发性情绪，都属于二级情绪。比如，顾客对你大发脾气，你冲动下回怼了顾客，你觉得特别委屈、难过、受挫、不满，以及对自己的情绪失控很失望，这些都是一级情绪。

但这些情绪之后会衍生出其他的情绪，比如：

- 现在这个工作真的不好干，我为什么要换工作？如果我不换工作，就不用面对这些糟心事了！
- 我当时发那么大火，老板会不会对我不满意？

- 同事们会不会觉得我这个人脾性太暴躁？他们会不会觉得我不好相处？

这一系列的感受与事件本身其实没有直接关系，而是出于你对已发生的经历的沉溺、反刍，或者对尚未发生的挑战的焦虑，都属于二级情绪。二级情绪是一级情绪的蔓延和扩散，并非真实存在的困难，它们源于想象，而且想象会使情绪成倍地无限放大。如果你停留在二级情绪，就容易被它吞噬。

心理学研究表明，人们在经历负面事件后，往往会陷入对事件的反复思考和沉溺，这种沉溺会加剧情绪的负面影响。抽离二级情绪，专注于一级情绪，有助于减轻情绪负担。那么，如何抽离二级情绪，回到一级情绪呢？你可以尝试问自己一些问题，比如："我现在感受到的情绪是什么？这个情绪是直接由事件引起的吗？还是我对事件的解读和想象导致的？"通过这样的问题，你可以逐渐剥离出那些并非直接由事件引起的情绪，也就是二级情绪。

比如，当顾客对你大吵大闹时，你可能直接感受到的是委屈和愤怒，这是一级情绪。但随后，你可能开始想象："我为什么要受这种气？我是不是太软弱了？别人会不会也觉得我很好欺负？"这些就是二级情绪。它们并不是由事件本身直接引起的，而是你对事件的解读和想象导致的。

当识别出这些二级情绪后，你可以告诉自己："这些只是我的想象和解读，并不是真实的情况。我需要把注意力放回到事件本身，处理一级情绪。”这样，你就能更好地掌控自己的情绪，不被它们所左右。

第四步：回到一级情绪：表达“事实+感受”

回到一级情绪后，尝试表达事实和感受。这一步的目的是让你更清晰地认识自己的情绪和所处的情境，从而更好地处理它们。清晰地表达感受也是自我认知的过程。通过反思和表达，你能够更深入地了解自己的内心世界，识别出自己真正的需求和担忧。

表达事实和感受不仅可以更好地理解自己的情绪来源，从而更有针对性地处理它们，也能让他人更深刻地理解自己，从而促进更有效的沟通。在对私教学员的指导过程中，我经常会在她们很难冷静下来时，让她们通过这样的方式来回顾整个事件，通常情况下，这个方式能够很快让她们的糟糕情绪得到有效的缓解和疏导。

你可以这样梳理自己：“顾客跟我大吵大闹，我感到很委屈，我觉得她根本不尊重我。”“我跟顾客发生了争执，我觉得自己情绪控制力很差，对自己的表现有些失望。”这样的表达方式既包含了事实（顾客大吵大闹、发生争执），也包含了你的感受（委屈、失望）。

第五步：调整认知

我们要知道，在某个事件中，我们的感受其实来自我们的认知，也就是我们思考问题的视角。认知行为疗法强调，情绪并非仅仅由外部事件触发，而是受到个体对事件的解读和认知的深刻影响。所以，我们可以尝试适当调整认知，以此来调整我们的感受。

比如，顾客跟你大吵大闹，就一定代表她不尊重你吗？可能这只是她的脾气使然，或者她跟你无理取闹其实是不尊重她自己，会容易被看不起的是那个颐指气使的人。你跟顾客发生争执，就代表你是个情绪管理能力很差的人吗？或者说，有情绪就代表你很差劲吗？换个视角，有情绪恰说明你是个对自己的需求很明确的人。你不擅长处理这种冲突，只能代表你在这方面有短板或者没经验，但你在其他方面也有别人代替不了的优势。

注意，我这里举的例子都是一级情绪的例子。如果你觉得你的二级扩散的感受也很难平复，你也可以尝试调整认知。比如，你懊悔换工作，觉得现在的工作不好做，那么你可以想："如果不换工作，我就不会有其他烦恼吗？这个新工作面临的人际冲突就一定是坏事吗？可能恰好能够锻炼我。"

我的私教学员在被激怒而无法平复情绪时，我经常会结合他们面临的实际场景给予新的视角和看法，通过这样的认知调整，能够更全面地看待问题，从而有效缓解负面情绪。记住，我们的感受并不是由事件本身决定的，而是由我们对事件的解读和认知决定的。因此，调整认知是改变感受的关键步骤。

第六步：将你的期待列下来

将你的期待列下来。思考一下：我想要怎样的结果？这一步的目的是让你明确自己的期望和目标，从而更好地制订行动计划。比如：

- 我期待跟顾客有一个良好的沟通，解决这次的问题。
- 我期待能跟顾客维护好关系，避免流失客户。
- 我期待自己在同事和领导面前依然是个好同事。
- 我期待自己有能力处理这种事件，可以游刃有余地化解冲突。

了解和正视自己的期待是自我认知的重要部分。当我们明确自己的期待时，可以更有针对性地采取行动来满足这些期待，从而减少内心的矛盾和挣扎。同时，这也能帮助你更好地衡量自己的进展和成果。

第七步：为了满足我的期待，我可以做什么

最后一步，就是转换为行动了。这一步是为了将前面的

思考和认知转化为具体的行动计划，从而帮助你实现自己的期待和目标。行动导向理论强调，只有通过行动，人们才能真正地改变自己的情绪和处境。将情绪管理的思考转化为具体行动，是实现自我提升的关键。

比如，你可以制订这样的行动计划：

- 定期检查顾客的订单情况，主动跟进反馈，尽可能避免类似事件再次发生。
- 可以跟同事领导们真诚地致谢和表达歉意，告诉大家今天给大家添麻烦了，以及谢谢大家的帮助和支持。
- 总结经验教训，提高自己处理问题的能力和技巧。

通过这样的行动计划，你能够将前面的思考和认知转化为具体的行动步骤，从而更好地实现自己的期待和目标。记住，行动是改变的关键步骤。只有通过行动，你才能真正地改变自己的情绪和处境。

以上就是情绪降温法的七个步骤。记住，情绪管理是一个长期而持久的习惯养成，需要我们不断地练习和努力。通过这七个步骤，我们可以逐渐提高自己的情绪管理能力，以更积极、更有效的方式应对工作中的挑战和困难。同时，我们也要保持耐心和自信，相信自己有能力克服情绪失控，实现自我提升。

本节思考

你最近一次遇到情绪高涨的情况是什么时候？是由什么事件引发的？如果在那个场景中使用情绪降温法，你会怎么做？

第二节　应对过去心法：用“消极假设”打破沉溺

在前面的章节里，我们一起探讨了打破当下糟糕情绪的方法，情绪降温法就像是你的情绪急救箱，可帮你平息突如其来的情绪风暴。而在生活中，除了突然失控的当下情绪外，我们还会面临着一种不断内耗的持续性负面情绪。它们看起来更隐蔽一些，不会让你突然爆发，甚至也不会影响你当下的心情，但是它们会隐藏在你的心里，如同慢性毒药，时不时地隐隐发作，一点点吞噬你的能量，消耗你对生活的信心和活力。

我将这些情绪按照时态分为两类：对过去的沉溺和对未来的恐惧。在本节中，我们先来探讨对过去的沉溺情绪，如何应对。

什么是对过去的沉溺？回想一下，在生活中，你是否曾因为一次小小的争执，而在脑海中不断回放那些不愉快的瞬间？或者因为一次失败，而沉浸在无尽的自责和懊悔之中？比如，每当和伴侣发生争执，你会不由自主地翻起旧账，觉得都是他过去的种种不是，才导致了今天的局面；或是经历了一次重大的挫折，比如失恋、创业失败、遭遇变故、孩子考试失利，甚至是被降职降薪或失业，这些都会让你陷入阶段性的低落，难以自拔。

你可能会问，我们为什么会容易沉溺于过去呢？这是因为我们的大脑倾向于寻找模式和原因，以解释我们的经历。当我们遇到挫折或失败时，大脑会试图找出“为什么”，而这种寻找往往会导致我们陷入“如果……那么……”的思维模式。例如，你可能会想：“如果我当初不那么做，就不会有今天的结果。”这种思维模式让我们陷入了一个无尽的循环，不断地回顾过去，却无法改变它。

对过去的过度沉溺，会毁掉你的现在和未来

沉溺于对过去的懊悔中，不仅无法改变已经发生的事实，反而会对我们当下和未来的身心健康以及生活状态造成一系列的危害。

第一，当你每天都在为过去的事情而懊悔时，这种懊悔会不断地吞噬着你的注意力，导致你无法专注地面对现在的生活和工作，就像是一个背负着沉重包袱的行者，无法轻松地前行。

第二，长期的懊悔情绪会对你的身体健康造成负面影响，比如身体机能下降，容易生病。身体就像是一面镜子，反映着我们内心的状态。

第三，当你总是沉浸在对过去的懊悔和纠结中时，你可能会变得易怒、不耐烦，对身边的人失去耐心和理解，极大地破坏你的关系。

第四，沉溺于懊悔还会让你失去对未来的信心和动力。当你总是为过去的事情而懊悔时，会发现自己对未来充满了不确定和恐惧。这种心态会让你丧失奋斗的动力而停滞不前。

第五，长期的懊悔还可能导致你做出一些非理性的决策。在懊悔的驱使下，你可能会急于寻找弥补过去错误的方法，而做出一些并不适合自己的选择。比如，你可能会因为一次创业失败而盲目地投入另一个并不熟悉的领域，试图通过成功来弥补过去的挫败感。

心理学中有一个概念叫反刍性思维，即人们容易反复思考负面事件及其潜在后果的思维模式，源于个体沉溺于过去的不幸经历。这种思维模式不仅无法为问题的解决提供有效路径，反而可能加剧个体的抑郁和焦虑情绪，形成一个难以挣脱的心理枷锁。从心理学的角度来看，那些经常陷入反刍性思维的人，往往更容易体验到持续的负面情绪，如悲伤、愤怒和自我责备，这些情绪会进一步消耗他们的心理资源，影响日常生活的幸福感。

打破沉溺的钥匙："消极假设"

那么，我们如何打破这种沉溺的循环呢？

今天，我要教你一个特别的心法——"消极假设"。听起来有点抽象，但其实它是非常简单且实用的一种心理技巧。简单来说，就是让你想象一下，如果事情发展得更加糟糕，会是怎样一番景象？然后，对比现实，你会发现，其实现状远没有那么糟糕。这种对比，会给你带来一种"还好"的获得感，从而减轻内心的负担。更重要的是，它会引导你将注意力转移到如何防止情况进一步恶化，并采取实际行动，从而停止内耗。

想象一下，你满怀激情地投入创业，却遭遇了失败，巨大的挫败感如同潮水般涌来，几乎要将你淹没，你每天沉溺在这种挫败感中难以释怀，甚至因此而陷入颓废，极大地影响着你当下的生活状态。这时，你可以试试"消极假设"。问问自己："如果事情再糟糕一点，会怎样？"答案可能是："我不仅创业失败，还可能背负上百万元外债，甚至影响到家人的生活，那将是多么糟糕的情况。"但幸运的是，你并没有走到那一步，你没有债务，你仍然有机会重新开始。

那么，接下来该做什么呢？你可以将注意力放在找工作上，用稳定的收入来保障基本生活，同时积累经验和资源，为下一次创业做准备。这样一想，是不是觉得眼前的困境没那么绝望了？这种对比让你意识到，尽管失败是痛苦的，但情况本可以更糟。你可以看到，消极假设的核心在于让你多关注已经拥有的，而不是那些没有得到的。它像是一盏明灯，照亮你前行的道路，让你远离无谓的内耗，更加珍惜和把握当下的机会。

将消极假设转化为行动

消极假设不仅仅是一种心理安慰，它还可以激励我们采取行动，以避免那些更糟糕的结果。例如，如果你的孩子考试失利，你可能会担心他们的未来。但是，如果你想象一个更糟糕的情况——孩子彻底失去复考的机会，或者他们因此而抑郁——你就会意识到，你们仍然有机会改变现状。

在这种情况下，你可以采取积极的措施，比如帮助孩子找到合适的学习方法，或者鼓励他们参加课外活动，以增强他们的自信心。通过这种方式，不仅可以停止沉溺于过去的失败，还可以为未来创造更多的可能性。

实践消极假设的六个步骤

现在，让我们来梳理一下实践消极假设的步骤。

第一步：识别沉溺的源头。你需要识别出让你沉溺于过去的具体事件。是一次失败的面试、一次不愉快的分手，还是一次投资的失误？明确这一点是开始改变的第一步。

第二步：想象一个更糟糕的结果。接下来，想象一个比实际情况更糟糕的结果。这可能需要一些创造力，但请尽量让它具体且真实。

第三步：对比现实与假设。将你的假设结果与现实情况进行对比。你会发现，尽管现实情况可能并不理想，但至少它没有你想象的那么糟糕。

第四步：制订行动计划。现在你已经意识到情况本可以更糟，是时候采取行动了。思考为了防止情况进一步恶化，确保你不会走向那个更糟糕的结果，你现在可以采取哪些具体行动。为每一项行动设定一个小目标，并写下来。这可能包括学习新技能、改善人际关系或者调整你的职业规划。

第五步：实施并调整。开始实施你的计划，并根据需要进行调整。记住，改变是一个持续的过程，而不是一次性的事件。

第六步：执行与反思。开始执行你的行动计划，每完成一个小目标，就给自己一个小小的奖励。

案例分享

小乐的丈夫背着她买了一副价格高得离谱的鱼竿，这让她非常生气，每每想起都会生气，懊恼不已。我们结合这个案例来具体阐述一下实践消极假设的六个步骤。

第一，明确产生负面情绪的具体事件：丈夫未经商量就购买了昂贵的鱼竿。这个行为让她感到不被尊重，而且产生了经济上的不安全感。

第二，想象一个比实际情况更糟糕的结果，比如，她可以想象如果丈夫不仅买了昂贵的鱼竿，还因此欠下了巨额债务，甚至影响到了家庭的正常生活和孩子的教育。

第三，将假设的结果与现实情况进行对比后，她会发现，尽管丈夫的行为让她生气，但至少没有欠下债务，家庭的经济状况还是稳定的。这样一对比，她可能会觉得情况没有那么糟糕。

第四，她制订一个行动计划来防止情况进一步恶化，并确保不会走向那个更糟糕的结果。她的行动计划可能包括：

- 与丈夫坦诚沟通，表达自己的感受和担忧。
- 一起制订家庭财务计划，确保未来不会有类似的冲动购买行为。
- 寻找夫妻共同的兴趣爱好，增强彼此之间的沟通和理解。

第五，开始实施计划，并根据需要进行调整。在沟通后，她发现丈夫其实是因为工作压力大才想通过钓鱼来放松，于是提出了更经济的放松方式，或者一起参与其中，增进感情。

第六，在执行行动计划的同时，她也会反思自己在哪些方面做得不够好，未来如何更好地处理类似的情况。

通过这个过程，她不仅能够走出对丈夫高消费行为的内耗，还能够加强夫妻之间的沟通和理解，共同构建更加和谐的家庭环境。

为何“消极假设”有效

“消极假设”之所以有效，是因为它帮助我们转变了看待问题的角度。我们不再沉溺于已经无法改变的过去，而是将注意力集中在现在和未来可以做的事情上。这种转变不仅让我们产生了“还好”的获得感，还激发了我们的行动力，从而停止了无谓的内耗。

此外，“消极假设”还强调了一种积极的心态，即关注自己拥有的，而不是没得到的。这种心态的调整对走出情绪困境至关重要。当我们开始珍惜自己拥有的东西时，就会发现生活中其实还有很多值得我们去感激和珍惜的事物。

要真正运用好“消极假设”这一心法，还需要你做到以下几点。

- 接纳现状，不要逃避：要勇于面对现实，承认事情已经发生，无法改变。逃避只会让你在想象的恐惧中越陷越深。

- 积极想象，找到出口：尝试从另一个角度看待问题，想象如果事情再糟糕一些会怎样，然后对比现实，找到“还好”的点。
- 聚焦解决，不要纠结：将注意力从问题本身转移到解决问题的方法上，思考“我现在能做什么来防止情况恶化”，并立即行动。
- 感恩拥有，珍惜当下：学会感恩，感谢那些没有发展得更糟糕的情况，珍惜你现在所拥有的一切，这会给你带来力量和希望。
- 持续反思，促进成长：每次经历后，都进行反思，看看自己在哪些方面做得不够好，如何在未来做得更好，从而不断促进个人的成长和进步。

每一次的挫折和挑战，都是生命给予我们的成长礼物。它们虽然包装得不太漂亮，但里面藏着的，却是宝贵的经验和智慧。通过“消极假设”，你可以学会如何打开这些礼物，让自己变得更加坚强和成熟。我们都有过去，但不要用过去定义现在和未来，过去已经无法改变，但我们可以选择如何面对它。通过消极假设，你可以重新评估我们的处境，并从中获得力量，以积极地面对生活中的挑战。

许多心理咨询师在处理客户过去创伤时，会帮助客户从不同角度审视过去的事件，特别是探索“如果情况更糟会怎样”的假设，从而帮助客户认识到现状的相对积极面，并激发他们采取积极行动。这种方法直接体现了“消极假设”的核心策略。

> **本节思考** 你最近一次沉溺于过去的事件是什么时候？是因什么而让你陷入这种情绪？试着使用本节提到的“消极假设”心法，你的感受有何不同？

第三节　应对未来心法：用“糟糕试验”克服恐惧

在前一节中，我们探讨了如何通过“消极假设”来应对已经发生的、不可改变的沉溺情绪。现在，让我们转向另一种常见的持续性糟糕情绪——对未来的担忧和焦虑。在日常生活中，我们常常听到人们谈论对未来的担忧。这些担忧可能涉及职业、健康、家庭关系，甚至是个人形象。

比如，作为家长，担心孩子考不上理想的大学，经常焦虑孩子的未来悬而未决；作为职场人士，面对竞争激烈的市场感到惶恐不安，时刻害怕自己失去工作；即将步入婚姻时，对婚姻生活感到不安；作为创业者，可能会担心自己的企业能否在激烈的市场竞争中生存下来，担心失败的后果；还有对身体健康的担忧、恐慌婚姻危机等。

这些焦虑场景，你是否似曾相识？这些都属于对未来不确定性的焦虑，它们像是一个个潜伏在生活中的“小怪兽”，时不时跳出来搅扰你内心的平静。其实，这些焦虑并非无的放矢，它们往往源于我们对未知的恐惧。我们害怕那些无法控制或预测的事情，这种恐惧感会让我们感到无力和不安。

对未来的过度焦虑和恐惧，会毁掉你的现在

沉溺在对未来的焦虑中，不仅无法帮助我们更好地应对未来的挑战，反而会对我们产生一系列的危害，不断地侵蚀我们的生活质量。

首先，沉溺于对未来的焦虑会消耗你大量的心理能量。我们的心理空间是有限的，如果你每天都在为未来的不确定性而担忧，这种担忧就会像是一个无底洞，不断地吞噬你的精力和注意力。结果，你发现在面对现在的生活和工作时，总是力不从心，效率低下。

其次，长期的焦虑情绪会对你的身体健康造成负面影响。持续的焦虑状态会导致免疫系统功能下降，增加患各种疾病的风险。当你总是沉浸在对未来的担忧中时，你可能会对身边的人失去耐心和理解。这样的态度无疑会让你的亲人和朋友感到失落和不满。比如，你会因为沉浸在对孩子考学的过度焦虑

中，而忽略孩子的情绪感受，只一味盯着他的成绩单，下意识中可能会出口伤人，各种责怪抨击，破坏孩子对你的依赖，极大地危害着亲子关系。

此外，沉溺于焦虑还会让你失去享受当下的能力。生活是由无数个现在组成的，而当你总是为未来担忧时，就会错过那些本可以享受的美好时光。比如，你可能会因为过度焦虑未来的经济状况而忽略了与家人当下的亲密陪伴，本来家里人周末一起开开心心地出去野餐，而你却因为焦虑而时刻不敢放松，满脑子都在想下个月的项目申请能否通过，极大影响当下的陪伴体验。而且，在焦虑的驱使下，你可能会急于寻找安全感，而做出一些并不适合自己或存在极大风险的选择。比如，你可能会因为害怕失业而盲目地跳槽到一个并不适合自己的岗位；你可能会因为害怕自己会变老而被不良商家洗脑，对自己的脸部做一些不安全的整容项目。

一些深入探讨大脑功能与情绪关系的研究，已经揭示了担忧和焦虑对我们身心健康的深远影响，当我们感到担忧或焦虑时，大脑的“杏仁核”这一区域会被激活。杏仁核是大脑中处理恐惧和威胁的关键区域，当这个区域长期因为担忧和焦虑而被激活时，就会导致一种慢性的应激反应。有研究指出，长期的高应激状态不仅会严重消耗我们的心理资源，还可能逐渐侵蚀我们的身体健康。如果我们能够学会一种方法来应对这些对未来的焦虑，那么我们就能更好地管理自己的情绪，减少内耗。

糟糕试验：一种应对未来焦虑的策略

在这里，我将介绍一种名为“糟糕试验”的策略，这是一种非常有效的心法，可以帮助你克服对未来的恐惧，并且探索可以采取的行动。

“糟糕试验”的核心思想在于，当你陷入对未来的某些特定的焦虑情绪中时，你可以首先假设自己担心的事情已经发生了，然后思考两个问题：一是假设这件事真的发生了，你能做什么？二是为了不让这件事发生，你现在能做什么？

举个例子，假如你担心自己会失业。按照“糟糕试验”的思路，你先假设自己已经失业了，那么接下来你会怎么做？你可能会去学习新的技能，寻找新的工作机会，或者增加兼职收入，甚至开始节省开支以度过这段经济低谷。那么，你现在就可以尽力去做这些事。这样做的好处有两点：一是可以锻炼自己应对危机的能力，当危机真的来临时，你能更加从容不迫；二是通过实际行动，你可以终止那些因想象而引发的恐惧，从而停止内耗。再进一步，为了不让自己失业，你可以怎么做呢？你可以更加努力地工作，提高自己的不可替代性，不断学习和提升自己。这样，即使最终的结果不尽如人意，你也能够问心无愧，不留遗憾。

实践糟糕试验的五个步骤

如何有效地进行“糟糕试验”呢？可以参考以下五个步骤。

第一步，明确你的担忧。你需要明确自己到底在担心什么，把你的担忧写下来，尽量具体和详细。比如，你担心失业，那么具体是担心哪个行业的变化？是担心公司的经营状况，还是担心自己的技能过时？

第二步，假设最坏情况。假设你担心的事情已经发生了，比如，你已经失业了。然后，思考这个最坏的情况会给你带来哪些具体的影响和挑战。

第三步，制订行动计划。如果最坏的情况真的发生了，你需要制订一个详细的行动计划，包括可以采取的所有措施来应对糟糕的情况。

第四步，立即行动。不要只是停留在计划和想象上，立即开始执行你的行动计划。你会发现，通过实际行动，你的担忧和恐惧会逐渐减少。

第五步，预防与提升。思考为了不让这个糟糕的情况发生，你现在可以做什么。制订并执行一个长期的预防和提升计划，以增强你的竞争力和应对能力。

案例分享

我的私教学员小云是一位年轻的职场女性，她从休完产假回归职场后，发现自己所负责的业务流程以及相关系统的使用发生了一系列巨大的更新，她一时之间很难适应，工作上有些吃力，自己的主管职务也岌岌可危，她非常担心自己会在竞争中落伍，最终失去工作。这种担忧让她每天都过得非常焦虑，工作效率也大打折扣。后来，她在我的指导下尝试了“糟糕试验”这个方法。

首先，我让她假设自己已经失业了，然后开始思考自己能做什么。然后，她给自己制订了一个详细的行动计划：每天利用业余时间补充业务知识，迅速提升自己的业务能力；同时学习新的技能，提升认知维度；工作时间内更加努力，提升自己的业绩，以在公司中获得更好的位置和更高的评价。并且更新简历并暗自留意新的工作机会，以备不虞。几个月后，小云跟我分享她的好消息，她不仅没有被淘汰，反而因为出色的表现获得了晋升。更重要的是，她发现自己对未来的担忧大大减少了，因为要知道，无论发生什么，她都有应对的能力。

为何糟糕试验会有效

你可能会问，为什么要做这种“糟糕试验”呢？这不是自己给自己找不痛快吗？其实不然，担忧和恐惧是人类的天性，但它们并不是不可战胜的。这种试验的目的在于帮助你从一种被动、消极的心态转变为一种主动、积极的心态，从而转化为积极的行动和成长。当你开始假设最坏的情况并思考如何应对时，你其实已经在潜移默化地增强自己的应对能力和心理韧性。

“糟糕试验”不仅仅是一种思考练习，它还可以转化为实际的行动。通过这种试验，你可以发现，即使在最糟糕的情况下，你也有能力和资源来应对。这种认识可以极大地增强你的自信心和控制感。

例如，如果担心自己的健康，你可以假设自己已经生病了。在这种情况下，你会如何照顾自己？你可能会开始更加注意饮食，增加锻炼，或者定期进行健康检查。这些行动不仅有助于预防疾病，而且通过采取这些措施，你可以减少对未来健康的担忧。而且，通过实际行动来应对这些假设的“糟糕情况”，你可以逐渐发现，很多原本以为无法承受的事情，其实并没有那么可怕。当你真正去做的时候，会发现自己的潜力和能力远远超过你的想象。

当然，进行“糟糕试验”并不意味着一切都会一帆风顺。在实际执行过程中，你可能会遇到挫折和困难。比如，你发现某些行动计划并没有达到预期的效果，或者你的努力似乎并没有减少你的担忧。这时，重要的是不要放弃。每一次的尝试和失败都是成长的一部分，当你遇到挫折时，回顾你的行动计划，看看是否有需要调整的地方，也许你需要尝试不同的策略，或者寻求他人的帮助和建议。同时也要给自己一些宽容和理解。毕竟，面临未来的不确定性和挑战，没有人能够做到完美。重要的是，你在这个过程中学到了什么，你如何调整自己，以及如何继续前进。

“糟糕试验”不仅仅是一种应对焦虑的技巧，更是一种生活哲学的体现。它教会我们，面对不确定性和未来可能的挑战，最有效的方法不是逃避或沉溺于担忧，而是勇敢地面对，积极地准备，并通过实际行动来化解恐惧。

所以，如果你也深受对未来焦虑的困扰，不妨尝试一下“糟糕试验”。在这个过程中，会逐渐发现，自己的心态变得更加积极，行动力也更强。你不再是一个被恐惧和担忧驱使的被动者，而是一个能够主动掌控自己生活，积极面对挑战的强者。你会变得更加坚韧、更加自信，也更加有能力面对生活中的各种挑战和不确定性。

在下一节中，我们将探讨如何通过行动来化解情绪，将内耗转化为动力，实现自我跃升。但现在，我鼓励你开始实践“糟糕试验”，看看它如何帮助你减少对未来的恐惧，增加对生活的控制感。记住，每一次的尝试都是向前迈出的一步，每一次的行动都是对未来的一次投资。

> **本节思考**　如果你现在正面临一种对未来的担忧或焦虑，比如担心工作稳定性、健康问题或其他任何让你感到不安的事情。使用本节提到的“糟糕试验”方法，尝试明确你的担忧，假设最坏情况发生，并制订一个应对行动计划。

第四节　回到当下：用行动化解情绪

在前面的章节里，我们一起探索了如何应对即时情绪和持续性情绪的技巧，包括如何管理那些突如其来的情绪波动，如何用“消极假设”来打破对过去的执着，以及如何用“糟糕试验”来克服对未来的恐惧。你可能已经注意到，无论是处理即时情绪还是持续性情绪，我们都需要进行一个关键的动作：那就是回到当下。让自己的意识回到当下最重要的事情上，才能真正从情绪内耗中走出来，从而通过行动提升自己的能力。

回到当下：跳出情绪旋涡

那么，什么叫回到当下呢？简单来说，回到当下就是从情绪的旋涡中脱离出来，不要被情绪淹没。

举个例子，假设你在工作中遇到了一个棘手的问题，感到十分焦虑和无助，你的思绪可能会开始飘远，想象各种糟糕的结果。这个时候，回到当下就意味着把你的注意力重新聚焦在这个具体的问题上，思考你现在能做什么来解决它，而不是沉浸在无休止的担忧中。

为什么回到当下如此重要呢？因为只有回到当下，你才能专注于解决问题，用当下的力量对抗虚无的内耗——无论外界如何变化，我们都能迅速调整自己，回归内心的平静。

发表在《心理学与健康》这一权威学术期刊上的一项主题为“情绪调节与心理健康：回到当下的力量”的研究，深入探讨了情绪调节与个体心理健康之间的紧密关联。研究结果显示：那些能够有效地调节情绪、擅长将注意力集中在当前时刻，不被过去或未来的思绪所困扰的个体，不仅在日常生活中展现出了更强的心理韧性，还在面对压力和逆境时表现出了更好的适应能力。他们通常具有更高的心理健康水平，能够更好地应对生活中的挑战。

90 岁仍未退休的心理医生中村恒子，在其著作《人间值得》中强调，人们常常因为对未来考虑太多而陷入内耗。她建议人们应该专注于当下，享受生活，减少无谓的忧虑。这种生活哲学对于减少内耗、提高生活品质有着深刻的启示。

无法回到当下的影响

如果无法回到当下，你可能会发现总是被过去的经历所困扰，或者对未来的不确定性感到焦虑。你将无法集中精力去处理眼前的事务，这将导致你的行动力下降，情绪进一步恶化，你的生活可能会变得混乱无序，最终形成恶性循环。而且这种状态不仅会影响你的心理健康，还可能影响你的工作表现和人际关系。

比如，你正在陪孩子参加科技展览活动，突然因为一件小事和孩子发生冲突，冲动之下对孩子大发脾气，孩子被吓得一言不发，你的内心顿时充满了强烈的自责、懊恼、后悔。这个时候，如果你一味沉浸在这些负面情绪中，而不能够及时整理情绪回到当下，就会白白浪费了难得的陪伴时光，也会破坏家庭中每个人的心情。

抑或是，你因为一次考试失败而对自己失去了信心，你开始对未来充满恐惧，觉得自己永远不会成功。这种情绪让你失去了学习的动力，你开始逃避问题，不再尝试新的挑战。最终，你的成绩越来越差，离你的目标越来越远。这也是无法回到当下所导致的恶果。

如何回到当下

◎ 建立渺小思维

那么，如何让自己回到当下呢？在这里，我要给你一个思维心法：我称之为“渺小思维”。这个心法的核心是：任何事情都可以被你有意识地渺小化，除了生死，一切都是小事。

想象一下宇宙的浩瀚，我们只不过是宇宙中看不到的一个渺小个体，任何你认为过不去的事情，其实都没什么大不了。如果你觉得这个画面太抽象的话，可以尝试爬到高高的顶楼，往下看那人来人往的车水马龙。每个人都有自己的故事和遭遇，而你不过是这无数个缩影中的一个。这样想想，是不是能够从你无限放大的情绪中脱离出来呢？

为了帮助你更好地理解和运用渺小思维，当每次沉浸于某些糟糕的情绪中时，你可以迅速思考以下两个问题：

第一，回想 5 年前你最痛苦、最难熬的时候，当时你觉得天都塌了，觉得自己撑不过去了。现在呢？现在是什么感觉？是不是发现其实那时候的痛苦并没有那么不可逾越，甚至你可能都想不起来有那么个时候了。

第二，回想过去你曾经最害怕面对的事情，你觉得无比恐惧，感觉自己肯定没办法做到。后来怎么样了？是不是发现其实也没那么可怕？你最终还是克服了困难，走过了那段路。

通过这两个问题，你可以意识到，很多时候，我们的情绪和内耗都是因为我们把事情看得太重，把自己看得太重要。而实际上，很多事情并没有那么严重，我们也没有那么脆弱。那些曾经看似无法逾越的障碍，其实都是我们成长道路上的垫脚石。它们让我们变得更加坚强，更加成熟。

◎ 建立两种心态

在这里，我要教你建立两种心态，可以有效地帮助你化解焦虑。

第一，对于那些过去的已经发生的事情，只要你确定这个事情已经无法改写，它就是生命中最好的安排。你要相信那些已经不可改变的人和事，都是你生命中的必然经历。务必不要对抗和懊悔，即使重新来过，它也一定还会发生。也不要后悔曾经做过的决定，因为那是你当时能做的最好选择。而且，它一定是好事。即便它可能带给你无比糟糕的体验，即便它可能给你带来一系列麻烦，让你感觉很痛苦很煎熬，但它的发生一定有其意义所在，至少它塑造了如今开始反思与总结的你，给了你智慧与经验；你需要做的就是接受它，并且去发掘它带给你的更多积极影响和意义，将它当成你生命中的养分，让自己越来越好。如果你现在还没有发现它给你带来的好处，那说明你还没有走到变好的那一步，你要保持耐心，同时保持行动。

第二，对于那些尚未发生的未知的焦虑和担忧，你也要相信，但凡它会发生，你就一定有应对它的办法。人是不可能被困难打败的，因为人类拥有强大的智慧，无论我们会面对多么棘手的问题，总能想出对应的方法去解决它，而且我们对挫折的承受能力总是会超出自己的意料。有一个真相是，其实往往打败我们的并不是困难，而是我们对困难的想象。当你沉溺在对未来可能会出现的各种困难的想象中时，你的想象力就会加倍放大困难指数，导致你的恐惧感像一个雪球一样越滚越大，你就会被无尽的焦虑感吞噬。所以，不要去想象困难，而要告诉自己：只要它出现，我就一定有办法解决它。只要我不去想象，它就不会那么可怕。

当然，更重要的是要运用前边我分享给你的“糟糕试验”去制订应对它的行动计划，提前做好攻克它的准备。

◎ 一些践行技巧

回到当下不仅仅是一个心态的调整，更需要通过具体的行动来实现。以下是一些你可以尝试的方法。

- 深呼吸与冥想。当你感到情绪汹涌时，尝试深呼吸几次，让自己的注意力集中在呼吸上。你也可以安排一段时间进行冥想，这有助于训练自己的专注力，回到当下。

- 记录感受。有时候，写下你的感受可以帮助你更清晰地理解自己的情绪，并找到回到当下的方法。你可以尝试写日记，记录你的情绪变化、所思所感。这不仅能帮助你反思和成长，也能让你在未来面临类似情境时有所参考。
- 调整注意力。有些事情是无法改变的，学会接受并放手是回到当下的重要一步。当你意识到某些事情已经超出了你的控制范围时，试着转移注意力，不要纠结已发生的事情。
- 及时寻求支持。如果感到无法独自面对问题时，不要犹豫，寻求朋友、家人或同事的支持。与他们分享你的困境，听取他们的建议，这有助于你回到当下，找到解决问题的方法。
- 进行活动和锻炼。运动是回到当下的一个有效方法。当你感到焦虑或沮丧时，尝试去散步、跑步或做一些简单的锻炼。身体的活动可以帮助你释放压力，重新集中注意力。
- 感恩练习。花时间思考并记录下你感激的事情，无论它们多么微小。这种练习可以帮助你转移注意力，从内耗的情绪中解脱出来，意识到你还拥有什么。
- 制订行动计划。面对当前的局面和你要解决的问题，请制订一个行动计划，列出你现在可以做的事情，让自己的意识和注意力回到解决当前的问题上。

正念减压疗法（MBSR）结合了正念冥想和身心放松技巧，旨在帮助个体管理压力、提高生活质量。在正念减压疗法中，回到当下是核心练习之一，通过冥想和身体扫描等练习，个体被引导将注意力集中在当前的身体感受和思维上，从而减少对情绪和外界刺激的过度反应。

◎ 开始行动：我能做什么

当你能够运用渺小思维和以上这些技巧平复自己的情绪，并恢复思考能力的时候，问自己：我现在应该做什么？然后根据你列下的行动计划，一步一步地去执行。

如果你觉得一个任务太庞大或太困难，试着将它分解成更小、更容易完成的部分。这样，你可以更容易地将精力集中在当下的行动上，而不是被整个任务的艰巨性吓倒。每完成一个小任务，你就会感到一种成就感，这种成就感会逐渐取代你的焦虑。

行动是停止焦虑最好的办法，因为每一次你回到当下并采取行动，都是在创造更多的确定性，从而打破对负面情绪的沉溺。每一次行动都是在为自己的成长和进步积累能量。即使每次进步看起来微不足道，但随着时间的推移，这些小小的行动将会汇聚成巨大的力量，让你停止内耗的状态，获得由内而外的改变。

案例分享

在面对家庭关系困扰时，我们往往会感到无助和焦虑，尤其是当冲突发生时，情绪的波动可能会让我们做出冲动的决定。

我的一位学员小梅与丈夫因为一些观念上的冲突，发生了非常激烈的争吵，双方在冲动之下都说了一些非常伤害对方的话，小梅一时之间感到极度崩溃，一度陷入对丈夫乃至这个婚姻的失望中，情绪不断衍生，她甚至动了离婚的念头，觉得自己无法再忍受这样的生活……于是，她拨通了我的电话，我就是通过运用“回到当下”的渺小思维，让她很快平复情绪并且回到当下。

在小梅情绪最低落的时候，我引导她尝试“渺小思维”。我让她回想一下她每天刷到的那些夫妻争吵、欺骗利用、大打出手、财产纠纷、对簿公堂甚至在不幸的婚姻争斗中丧失生命的新闻，我问她：“与这些悲惨的经历相比，你觉得你和丈夫之间的矛盾真的有那么不可调和吗？”我还让她回想一下，上一次他们争吵最严重的时候，当时你觉得再也无法忍受丈夫的理由，现在还觉得很严重吗？

随着这些回顾和梳理，小梅很快就恢复了理智，然后说：“好像确实没那么糟糕。突然感觉好多了。”

她向我倾诉自己的一系列感受后，情绪很快平复了下来。我帮她制订了一个具体的行动计划，包括如何与丈夫进行有效沟通，如何共同解决当前的冲突，以及如何增进彼此的理解。经过几个月的实践，不仅他们的实际问题得到了解决，而且她越来越能够很好地管理自己的情绪，不再那么容易感到焦虑和绝望。她和丈夫的关系也得到了改善，两人开始更多地交流和理解对方。

小梅的故事证明了回到当下的渺小思维及相关技巧的可行性。通过这些方法，她不仅成功地化解了自己的情绪，还挽救了婚姻。她的经历告诉我们，无论我们面临多大的挑战，只要我们能够回到当下，用行动去应对，就能够逐步摆脱内耗，找到内心的平静和力量。

所以，回到当下并不意味着你要忽视问题或逃避现实。相反，它是一种积极面对生活的方式，让你能够更加专注地面对挑战。当我们学会用渺小的思维去看待问题，不断练习和应用上述方法，用行动去化解情绪时，你会发现自己越来越能够从容地应对各种情绪和挑战，真正实现从内耗到行动的转化，并能够享受当下的每一刻。

本节思考

你最近一次感到焦虑或情绪内耗是因为什么？试着应用本节提到的“回到当下”的技巧，特别是“渺小思维”，来重新评估这个情况。你认为这个技巧如何帮助你平复情绪并重新聚焦到可以采取的行动上？

第四章

化内耗为动力，实现自我提升

CHAPTER 4

你是否曾感到被日常琐事或人际冲突牵绊，难以集中精力实现自己的目标？是否有时觉得自己缺乏足够的动力去推动重要的事情？为了帮助你更好地识别和应对这些潜在的障碍，我特别设计了一个自我提升动力检测表（见表 4.1）。通过这个小测试，你可以更清晰地了解自己的内耗映射的弱点，并在接下来的章节中寻找提升自我管理与技能提升、目标设定和行动力的策略和方法，从而实现自我提升。

表 4.1　自我提升动力检测表

序号	问题	总是	经常	有时	很少
1	当面对失败或挑战时，你是否能客观地分析自己的不足？	3 分	2 分	1 分	0 分
2	你是否能够识别并承认自己在自我管理方面的缺失？	3 分	2 分	1 分	0 分
3	当遇到问题时，你是否能冷静地评估自己解决问题的能力？	3 分	2 分	1 分	0 分
4	你是否为自己设定了清晰的短期和长期目标？	3 分	2 分	1 分	0 分
5	你是否能够明确地描述自己的职业和个人发展目标？	3 分	2 分	1 分	0 分
6	当目标受到挑战时，你是否能坚持并调整策略以实现目标？	3 分	2 分	1 分	0 分
7	你是否有足够的动力将计划转化为行动？	3 分	2 分	1 分	0 分
8	面对困难时，你是否能迅速采取行动以克服障碍？	3 分	2 分	1 分	0 分
9	你是否感到自己有足够的能量和热情去追求目标？	3 分	2 分	1 分	0 分

续表

序号	问题	总是	经常	有时	很少
10	当你遇到挫折时，你是否能快速恢复并继续前进？	3分	2分	1分	0分
总分范围	评分结果：请根据你的实际情况选择相应的选项，并计算总分				
30分及以上	你在自我提升方面表现出色，能够有效地反思自己的不足，有明确的目标，并具备强大的行动力和能量				
21~29分	你在自我提升方面有一定的基础，但可能需要进一步强化目标设定和行动力				
12~20分	你在自我提升方面可能存在一些挑战，需要更多的自我反思和行动激励				
11分及以下	你可能需要在自我提升方面做出较大的改变，包括增强自我反思能力、明确目标和提升行动力				

第一节　自我审视：内耗映射两大弱点

一般来说，只要这个事情能够被解决，我们就不会陷入内耗，让我们产生内耗的原因是解决问题的成本太高，超出我们的承受范围，从而产生了对他人或对自己的不满。能够意识到自己的能力缺失恰恰是我们成长的机会，因为终结能力内耗的关键就在于，有意识培养自己缺乏的能力，从而实现自我提升。因此，在某一个事件中，我们能够通过各种技巧调节自己的情绪，并开始着眼于解决当下的问题，那么相对来说，陷入内耗的可能性就会很小。

根据多年实践经验，我将大多数内耗案例中反映出的能力缺失归纳为两大类：一是自我价值感的缺失；二是解决问题的能力不足。这两方面几乎涵盖了我们在日常生活中能够遇到的所有挑战。

现在，让我们分别了解一下这两类能力缺失，并借助一些实际例子来更好地理解它们。

自我价值感缺失

所谓的自我价值感低，就是指对自己价值的认同程度较低，是极度缺乏自信的表现。总是对自己的能力、价值以及存在的意义持怀疑态度，容易产生自我否定、自我怀疑的情绪，可能经常感到自己不如他人，对自己的成就和优点视而不见，而过分关注自己的不足和缺点。

◎ 自我认知不足，无法接纳自己

缺乏自我认知，也就是不懂得如何接纳和理解自己，包括你的情绪、性格气质或是某些不完美的地方，或者总是迫于一些压力下意识压抑真实的自己，这不仅让你容易敏感而脆弱，而且会让你陷入自我对抗中，经常感到疲惫不堪。自我接纳和认知是构建个人安全感的基础。当我们不能接受自己的不完美，或者对自己缺乏清晰的认知时，内耗便悄然而至。

比如，你总是否定自己的情绪和需求，有时候明明是他人的言行对你有所冒犯，但是你却反而对自己的抵触情绪产生自责和反思，因为你不够了解自己的需求，忽视自己的真实感受，所以常常陷入内耗中；再比如，你有严重的体重焦虑，这种焦虑就是源于对自己身材的不接纳；每次试穿新衣服，你总是焦虑地盯着镜子中的自己，对自己百般挑剔，而且出现严重的厌食反应。这种对自我的不接受让你在社交场合中也总是不够自信，这种情绪随着时间的积累，变成了对自我的不断否定，从而引发了内耗。

◎ 过度在意外界评价，自我认同感缺失

自我认同感缺失，意味着你总是过度在意和依赖别人的想法和评价，对自己的价值和能力缺乏信心，患得患失，容易纠结和焦虑。你常常觉得自己不够好，这种内心的匮乏感让你在各种场合中面对选择和决策时，都显得紧张而小心翼翼，甚至不惜牺牲自己的利益去迎合他人，长此以往不仅让你失去自我，还会造成严重的内耗。

比如，你总是在意别人的每一个眼神和评价，在朋友圈里，你总是努力表现得完美无缺，生怕别人发现自己有任何缺点；朋友的一句玩笑话会让你反复琢磨对方是不是对自己有意见。你害怕自己在别人眼中不够好，这种恐惧让你在各种社交

场合中都显得紧张而局促，而且总是因为反复猜测别人的想法而内耗自己；再比如，职场中，你害怕被同事或上司批评，总是担心自己的表现无法让领导满意，会反复纠结是不是还有哪里做得不够好，因此总是小心翼翼地做事，甚至为了取悦他人而压抑自己的需求。这样的心态让你变得焦虑不安，在自我怀疑和否定中内耗自己，难以专注于工作本身。

◎ 讨好型人格表现

成长过程中受到的负面影响，特别是原生家庭的问题，可能会使我们形成一些不利的性格特征，如讨好型人格或过度自我否定、自卑，不敢表达真实的自己。这种性格缺陷让你在各种人际关系和工作中遇到障碍，产生内耗。

比如，从小就被教导要顺从长辈的意愿，你学会了忽视自己的感受，总是优先考虑他人的需求，或者总是唯唯诺诺讨好别人，即使内心并不愿意，也不敢表达真实的想法和需求。这种讨好让你在各种关系中都显得被动而疲惫，你常常因为无法拒绝他人的要求而感到内耗；再比如，由于童年时期受到的批评过多，你变得非常敏感，总是担心自己做得不够好，容易自我否定。这种自卑感让你在面对挑战时畏首畏尾，害怕失败，并且即使取得了不错的成绩，你也会觉得这是运气而不是自己的努力，习惯性自我否定的性格常常会让你陷入内耗。

◎ 缺乏自我要求

缺乏自我要求，意味着你在生活和工作中没有明确的目标和标准，容易陷入浑浑噩噩的状态。这不仅让你在面对挑战时显得无力且迷茫，还会因为自我管理的缺失而陷入自责和挫败感中。

比如，你总是因为时间管理差而导致任务拖延，面对堆积如山的工作，你感到无助和挫败，在每次面对任务时都充满恐惧和焦虑；再比如，你对自己的身体管理毫不在意，饮食不规律、缺乏运动，导致身体状况日益下滑。每次看到镜子中的自己，都感到自责、自我失望、自我嫌弃和不满。想要改变却总是缺乏计划，或者总是找各种理由放松要求而无法坚持。

◎ 害怕尝试新事物，回避挑战

面对未知、新颖或具有风险性的事物时，由于内心的不安、恐惧或自我怀疑，而选择避免或回避这些机会。非常害怕失败，担心自己在新的尝试中无法取得好的结果，对自己的能力、判断力或决策力缺乏信心，认为自己不足以应对新的挑战或事物。这种心态往往源于对自己的能力、自我价值感极度缺乏。

比如，你在面试时总是表现得非常紧张和不自信，即使有着丰富的工作经验和技能，也会觉得自己不够优秀，配不上这份工作；再比如，在和朋友聚会时总是默默地坐在一旁，不敢主动发表自己的意见和看法，因为觉得自己说的话没有价值，不会引起别人的兴趣。

总之，自我价值感低的人在面对挑战和困难时，往往更容易感到无力与挫败，因为你总是缺乏对自己能力的信任和肯定，害怕尝试新事物，担心失败和被人评价，容易受到外界言论的影响，从而错失成长和进步的机会。同时，自我价值感低的人更容易出现焦虑、抑郁等心理健康问题，因为持续的负面情绪会严重消耗自己的心理能量。

《被嫌弃的松子的一生》这部电影讲述了主角松子因童年缺爱而一生渴望被爱，却不断遭遇背叛和抛弃的故事。松子的自我价值感极低，她总是认为自己不值得被爱，因此不断迎合他人、牺牲自我。这种内耗最终导致她精神崩溃，度过了悲惨的一生。

解决问题的能力不足

解决问题的能力不足是指在面对问题和麻烦时，缺乏有效的分析、决策和执行等能力，无法迅速、准确地找到问题的根源，并提出切实可行的解决方案。在这种状态下，你可能会感到困惑、无助和焦虑，无法有效地应对生活中的各种挑战和困难，从而陷入失望、无助、崩溃、愤怒的内耗中。

◎ 缺乏解决问题的技能或实力

缺乏某方面的技能，意味着你在面对某些问题或挑战时，由于缺乏相关的能力和技巧，常常无法有效地解决问题。这种实力的不足不仅让你在面对问题时感到无力和挫败，还常常导致你在面对类似挑战时产生逃避和抵触情绪，从而产生内耗。

比如，在工作调动中，由于缺乏新岗位的相关技能，在执行任务时你感到无所适从。上司的批评让你自尊心受损，同时也加深了内心的焦虑，每次面对这项工作时都充满恐惧和不安；家中有人生病需要大量医疗费用，但由于你缺乏足够的经济实力，面对这一情况时感到恐慌。这种无力感让你整天忧心忡忡，无法集中精力处理其他事务；作为新手父母，面对孩子各种层出不穷的棘手问题时，由于缺乏足够的育儿知识，你往往手足无措，这种无力感让你在面对孩子的需求时感到困惑和挫败。

◎ 思维方式的固化和局限

思维方式的固化和局限，意味着你在面对问题和挑战时，总是习惯性地采用固定的思维模式方式应对，总是不能打开新的视角去看待问题，这不仅让你在解决问题时效率低下，也会让你在人际关系中显得僵硬且难以沟通，常常导致你陷入无助和绝望。比如，面对家庭中的某些冲突，你总是习惯性妥协和隐忍，从未尝试正面沟通。这种隐忍让你内心积压了大量不满和怨气，最终导致你在其他小事上爆发，陷入无尽的内耗；再比如，你对伴侣的某些小毛病总是采取指责的态度，习惯性打压、责骂和攻击，从而升级冲突，陷入内耗。你从未尝试从他的角度去理解，也未曾寻找建设性的解决方案，这种偏执的视角和负面互动不仅让你丈夫感到压抑，加剧彼此间的矛盾，也让你在内耗中越陷越深。

◎ 认知有限

认知有限，意味着你在面对问题时，由于知识和经验的不足，常常无法看到问题的全貌和本质。这种认知的局限不仅让你在解决问题时显得笨拙和无力，还常常导致你在面对挑战时陷入迷茫和困惑。比如，在财务规划上，由于缺乏基本的知识，你可能对投资理财感到畏惧，担心自己的决定会造成损失。这种担忧让你在面对金钱问题时感到焦虑和无助；再比如，每当面对新事物或新挑战时，你总是因为缺乏相关的知识和经验而感到恐惧和不安。这种因为认知有限而引发的内耗，让你在每次面对新事物时都充满抵触和逃避情绪。

◎ 应对风险的能力不足

应对风险的能力不足，意味着你在面对潜在风险时，由于缺乏相关的应对方案和实力，常常感到无力和恐惧。这种能力的不足不仅让你在面对风险时显得脆弱和不堪一击，还常常导致你在事后陷入深深的自责和懊悔中。比如，面对家庭暴力，虽然内心渴望逃离，但由于担心离婚后无法独自抚养孩子，你选择了忍耐。这种担心无法应对风险的恐惧让你在痛苦中挣扎，每天都在自我怀疑中煎熬；再比如，你总是担心失业而陷入内耗中，因为缺乏应对失业的方案和能力，所以每次面对工作变动时都充满不安和焦虑。

◎ 缺乏行动能力

缺乏行动能力，意味着你在面对问题和挑战时，常常因为拖延和犹豫而错失良机。这种行动力的缺失不仅让你在面对任务时显得懒散和无效，还常常导致你在事后因为未能及时行动而陷入自责和懊悔中。比如，你想要改变目前的生活状态，但总是拖延，不愿迈出第一步。这种停滞不前的状态让你感到沮丧，同时也增加了内心的负担；再比如，你想要改善自己的生活习惯，但由于缺乏行动能力，经常无法坚持健康的饮食和运动计划。这种缺乏行动能力的表现让你在生活习惯的改善上经常感到困难和沮丧，影响你的情绪状态。

通过上述分析可以看出，每一次内耗背后都存在着一定的能力缺失，提醒我们关注那些亟待提升的能力领域。自我审视不仅是对自身弱点的洞察，更是成长的契机。只有当我们正视这些弱点，并积极寻找解决方法时，才能逐步克服它们，从而真正摆脱内耗。改变始于自我认识，而成长则需要不断地学习与实践。正如古语所言：“知不足，然后能自反也；知困，然后能自强也。”

我们下一节来探讨提升这两方面能力的路径。

在电影《喜剧之王》中，主人公尹天仇是一个热爱表演却屡遭失败的龙套演员。他因为自身表演能力的不足而难以获得认可，导致他在追求梦想的过程中经历了严重的内耗。然而，通过不懈的努力和坚持，他最终在一定程度上实现了自己的价值。

本节思考

你在日常生活中是否曾经感受到自我价值感的缺失或解决问题的能力不足？具体是在什么情况下？你是如何识别到这一点的？尝试使用本节提到的自我审视方法，分析这些内耗背后映射出的自身弱点。

第二节　两大提升方向：产能与产出并行

在上一节中，我们深入剖析了内耗事件背后隐藏的能力缺失。那么，要终结能力型内耗，我们需要从两个核心方向入手：提升自我价值感和提高解决问题的能力。

提升自我价值感：培养自我管理能力，提升产能

自我价值感，简单来说就是你对自己的认可和肯定。它关乎我们如何看待自己，如何评价自己的价值。一个自我价值感高的人，往往更加自信，更有韧性，能够更好地抵御外界的负面影响，避免内耗的产生。

那么，我们如何才能提升自我价值呢？那就是提高自己的产能。产能，就是一个人内在的、支撑个人成长和发展的价值和能力。提升产能，意味着增强你的自身价值——也就是无须别人告诉你，你自己可以感受得到的自我价值。而提升自我产能的关键在于培养自我管理能力。即通过明确而高质量的自我管理，获得自我价值感。而自我管理能力的培养，可以从以下几个方面入手。

◎ 健康管理：身心的双重加固

健康是生活的基石，也是自我价值感的重要支撑，包括

身体健康和心理健康。

- 身体健康。保持规律的作息，合理的饮食，适量的运动，这些都是提升身体健康的基础。比如，每天保证7~8小时的睡眠；饮食上，尽量多吃蔬菜水果，少吃高糖、油腻等高热量的食物；至少保持每周3次的运动频率。
- 心理健康。学会管理自己的情绪，及时释放压力，保持积极的心态。可以尝试冥想、深呼吸等放松技巧，也可以写日记、与朋友聊天来倾诉内心的感受。这些小习惯，能够让你在面对内耗事件时更加从容不迫。

我的学员蔓蔓曾是一个工作狂，长期的高压工作导致她身心俱疲，越来越抵触工作，在工作中逐渐消极懈怠，感受不到意义。后来，她开始注重健康管理，每周去健身房锻炼三次，坚持半年后不仅身体状态明显好转，工作效率也大幅提升，并且良好的身体状态让她更加自信。

◎ 头脑管理：知识与智慧的积累

接受新知识，拓宽自己的视野，是提升自我价值感的重要途径。要通过不断学习来充实自己的大脑，同时，也要学会思考，培养批判性思维，不盲目接收信息，而是学会分析和判断。这样的习惯，会让你在处理问题时更加游刃有余，从而提升自我价值感。

我的学员文文原本是一名普通的行政文员，她的工作较为清闲，日常处理的也都是非常琐碎的小事，没有任何技术含量，让她感觉自己像是一个打杂工，感受不到工作的价值感和成就感，逐渐产生自我轻视的内耗。在我与她的交谈中，我发现她对心理学充满兴趣。于是，我引导她利用业余时间自学心理学知识，参加几个相关的在线课程。两年时间内，她不仅成为一名专业的心理咨询师，还出版了自己的心理学图书，实现了自我价值的巨大提升，现在她特别享受自己的工作。

◎ 社交管理：建立支持性的社交网络

人是社会性动物，良好的人际关系能为你的生活带来归属感和支持感。主动与他人建立联系，参加社交活动，结交新朋友，真诚地为他人提供帮助，这些能让你在人际交往中感受到更多的支持和理解，获得被需要感，提升自我价值感。

我的学员慧慧是一名全职妈妈，长期忙于家庭，几乎 24 小时都围着家务和宝宝，没有任何社交，这种生活让她觉得特别单调枯燥，而且感觉自己的眼界和关注点越来越狭隘，出现较为严重的自我价值感缺失。在我与她进行交流后，我建议她增加社交活动。她开始主动参加社区的亲子活动，结交新朋友，分享育儿心得。她还定期与朋友们聚会，通过一些高质量的社交活动，慧慧不仅重获社会归属感，还重拾了自我价值感，生活更加充实幸福。

◎ 时间管理：高效利用每一刻

学习必要的时间管理技巧，也可以使用时间管理工具来帮助自己规划时间，同时也要学会拒绝无意义的消耗，把时间用在真正重要的事情上。良好的时间管理能力能够使你的生活更加有序，获得对生活的掌控感，从而获得自我认同感。

我的学员多多一度习惯性地拖延，总是无法按时完成工作，经常因此对自己产生失望和厌弃，否定自己的能力。在我的建议下，她学习了时间管理技巧，制订了详细的工作计划，并坚持每天复盘。几个月后，她的工作效率大幅提升，不仅完成了所有的工作任务，还有时间学习新技能和拓展自己的兴趣爱好，在生活和工作中越来越自信。

提高解决问题的能力：培养技能，提升产出

要提升解决问题的能力，需要我们提升自己的产出。产出指的是，你将内在能量转化为具体行动和成果的能力。提升产出能力意味着，增强解决问题和应对挑战的能力，也就是说，你可以创造什么样的价值，可以帮助自己或他人解决什么

样的问题。而提升产出，需要做的就是培养自己各方面的技能，来获得解决各种问题的能力。

◎ 当下生存技能：立足之本

当下生存技能是指我们为了维护基本生活和工作需要而必须掌握的技能，不断提升这些技能，确保你在当前的环境中能够稳定立足，是减少内耗、增强掌控感的第一步。比如：

- 工作能力。无论从事什么职业，都需要具备一定的专业能力。你可以通过参加培训、学习新知识、实践等方式来不断提升自己的工作能力。如果你是一名程序员，就需要不断学习新的编程语言和框架；如果你是一名销售人员，就需要不断提升自己的沟通技巧和销售策略。
- 经济能力。经济独立是成年人必备的能力之一，要学会管理自己的财务，制订合理的预算和储蓄计划。

我的一位学员小木在试用期因为专业能力太弱而无法胜任，导致未能转正，因此她陷入了巨大的挫败感中，从而产生了严重的自我怀疑。我让她先不要急着应聘新工作，先花一些精力和时间进修自己的专业能力，通过一些课程的学习和培训，还有一些公益性实习，她的能力得到了很大提升，最终在新的岗位上发挥出自己的价值。

◎ 预防技能：未雨绸缪

预防技能是为了预防未来的风险而掌握的技能，这些技能可能不是现在用到的，但在未来可能会发挥重要作用，可以为你抵御未知风险提供缓冲。这样，即使面临职业变动或市场波动，你也能有更多选择，减少焦虑。比如：

- 第二技能。除了主业外，你还可以学习一些第二技能，以增加自己的竞争力和抗风险能力。比如，你可以学习一门外语、掌握一项手工艺，或者学习一些基本的维修技能等。这些技能不仅可以拓宽你的职业道路，还能让你在面对变化时更加从容不迫。
- 副业开展。在不影响主业的前提下，你可以尝试开展一些副业，以增加自己的收入来源和拓宽职业道路。比如，你可以利用自己的专业技能为他人提供咨询服务、开设网店销售自己的产品，或者参与一些兼职项目等。

我的学员小张是一名会计，但她的公司因为效益不佳面临倒闭，她面对着失业的风险每天都很焦虑。我发现她对摄影很感兴趣，于是建议她拓展第二技能。她利用业余时间学习了摄影技能，并在社交媒体上分享自己的作品。渐渐积累了一定的粉丝和口碑，还接拍一些商业项目，后来由于公司拖欠工资，她索性辞职转业投入摄影行业，做得风生水起。

◎ 成长加成技能：深度进修

成长加成技能是在你现有技能上继续进修的能力深度。在你的专业领域之外，还有一些能够让你脱颖而出的通用技能，这些技能能够让你在很多领域都更加出色，提升你的不可替代性，提升自我价值感。这些技能通常与你的职业或兴趣爱好紧密相关，能够让你在某个领域内达到更高的水平，比如：

- 表达能力。无论是口头表达还是书面表达，都是非常重要的技能。你可以通过参加演讲培训、写作课程等方式来提升自己的表达能力。一个优秀的表达者能够更好地传达自己的思想和观点，也能在职场和生活中获得更多的机会。
- 逻辑能力。逻辑能力是我们思考和解决问题的基础。你可以通过学习逻辑学知识、参加辩论活动等方式来提升自己的逻辑能力。一个具备强大逻辑能力的人能够更快地找到问题的症结所在，也能提出更有说服力的解决方案。
- AI 技能。随着人工智能的不断发展，掌握一些基本的 AI 技能也变得越来越重要。你可以学习一些基本的编程知识、了解 AI 算法的原理和应用等。这样，你不仅能够更好地适应未来的职场变化，还能在 AI 领域找到更多的发展机会。

我的学员心心是一名市场营销人员，但她对数据分析也很感兴趣。于是，她利用业余时间学习了 Python 编程和数据分析技能，并将这些技能应用到了自己的工作中。通过数据分析，她能够更准确地把握市场趋势和客户需求，也为公司带来了更多的业务机会。同时，她还利用自己的 AI 技能参与了一些创新项目，她也越来越感受到自己的价值感，很快被晋升了职位。

◎ 角色技能：因需而变

角色技能是为了满足你在某个特定角色上的需求而需要掌握的技能。每个人在生活中都扮演着多重角色，无论是父母、子女还是朋友。为了更好地履行这些角色，你需要学习相应的技能，这些技能通常与你的身份和职责紧密相关，能够让你更从容地面对突如其来的问题，从而感受到角色的成就感和价值感。比如：

- 育儿知识。如果你是父母，就需要学习一些育儿知识，以更好地照顾和教育孩子。你可以阅读育儿书籍、参加育儿课程，或者与其他父母交流经验。
- 职位技能。无论从事什么职业，都需要不断学习和提升自己的职业技能。你可以参加职业培训、考取相关证书，或者参与行业内的交流活动。我的很多学员都是新手妈妈，她们为了更好地培养宝宝，都在学习一些相关的育儿技能，比如绘本阅读指导、专注力培养指导等。

提升自我的要点

在提升自我价值感和解决问题能力的过程中，我们需要注意以下几个要点。

1. **不必追求完美**。人的精力是有限的，你不可能掌握所有技能。因此，在选择要培养的能力时，根据你的需求急迫度和价值观，对想要培养的技能进行优先级排序，集中精力攻克最重要的几项即可。

2. **长期主义思维**。进步是一个持续的过程，不必急于一时，更不必因为自己在某些方面的不足而感到沮丧，也不要把能力培养当成一项艰巨的任务，这样只会让你感到压力重重，想要逃避。相反，你应该将其视为一种积极向上的生活方式，将自我管理能力的培养融入日常习惯中。比如，你可以把学习新技能的时间安排在你的日程表中，就像吃饭、睡觉一样自然。

3. **制订详细计划**。对于需要提升的技能，要制订详细、具体的计划，包括学习的时间、内容、方式等。计划要具体到周和日，以确保学习的连续性和有效性。

4. **付诸行动**。无论是自我管理还是技能提升，都需要通过实际行动来获得真实的体验和成长。不要只是停留在口号和计划上，要勇敢地迈出那一步，去尝试、去实践，才能在行动中获得成长和提升。比如，你计划提高自己的公共演讲能力，那么就去参加一个演讲俱乐部，或者找一个机会在团队会议上发表你的观点。

5. **思维灌注体验**。在培养能力的过程中，要注重思维的灌注和体验。通过思考、感悟、实践等方式，将所学的知识和技能内化为自己的认知和能力。

提升能力和终结内耗是一个持续的过程，它需要时间、耐心和坚持。就像种一棵树，你需要精心浇灌，等待它慢慢长大。在这个过程中，你可能会遇到挫折和失败，但这些都是成长的一部分，最重要的是保持耐心和坚持，相信自己值得变得更好。

只要你付出努力，并按照上述步骤进行实践，就一定能够走出内耗的困境，实现自我跃升。

本节思考

分享一个你正在努力提升的技能或习惯，以及采取的具体方法和遇到的挑战。同时，思考一下，你如何将这些提升转化为减少内耗和提高生活质量的实践？

第三节　目标内化：从不可控的结果到我能做什么

在追求自我提升的道路上，你可能会有这样的困惑：我明明想要提升自己，却总是感觉无从下手，仿佛提升能力是一件虚无的事情。其实，问题的关键在于，你没有将需要培养的能力具体目标化。所谓目标化，就像是给你的能力之旅绘制一张详细的地图，让你清楚地知道每一步该往哪里走，如何才能到达目的地。

目标三分化：从模糊到清晰

要想将能力目标化，首先需要学会将目标进行三分化。这就像是把一个大的、难以一口吞下的苹果，切成小块，然后一口一口地吃掉。

◎ 终极目标：明确你的最终追求

终极目标是你的整体愿景，是想要达到的最终状态。想象一下，你站在山峰之巅，俯瞰脚下的壮丽景色。那个山峰，就是你能力的终极目标。它就像是一盏明灯，指引你前进的方向。

比如，你想要提升自己的写作能力，那么你的终极目标可能就是："成为一名优秀的作家，出版自己的书。"再比如，你想要管理好自己的身材，那么你的终极目标可能是："半年内减重到 ×× 千克，并可以长期保持。"在确定终极目标时，要确保它是清晰具体的，而且是你真正渴望的。不要设定一些过于遥远或模糊的目标，比如"我要变得更好"，这样的目标缺乏明确性，很难激发你的行动力。

◎ 指标目标：量化你的进步

指标目标是你在实现终极目标过程中的阶段性目标和具体成绩。指标目标应该是可量化的，这样你才能清楚地知道自己是否达到了预期。"目标设定理论"表明，具体、可量化、可实现的目标能更有效地激发人们的行动力。

继续以写作为例，你的指标目标可能是：

- 每个月完成 10 篇高质量的文章。
- 每篇至少获得 1000 次的阅读量。

以达到减重的终极目标为例，你的指标目标可能包括：

- 30 天内减重 5 千克，平均每周减 1.25 千克。

- 体脂率下降 5%，每周约下降 1%。
- 练出马甲线。
- 衣服尺码减小一个码。

这样的指标目标既具体又量化，让你能够明确自己的进步和成就。

◎ 执行目标：你的行动计划

执行目标则是为了实现指标目标而制订的具体行动计划。它们就像是每一步的脚印，指引你如何迈出下一步。执行目标需要足够具体，以便你可以立即行动，不需要任何额外的思考。

比如，为了达成上述的写作指标目标，你的执行目标可能是：

- 每周日晚上规划下周的写作主题和大纲。
- 每天利用早上的一个小时进行写作。
- 每周至少修改和润色一篇文章，积极在社交媒体上推广自己的文章，吸引更多的读者。

再比如，为了调整饮食结构，你的执行目标可能包括：

- 戒糖、戒零食、戒碳酸饮料，每天控制油脂摄入量不超过 20 克。
- 制订一周的具体食谱，精确到每餐的分量。

注意，确定目标时一定要适度，确保目标是你稍微努努力就可以完成的。过大的目标会带来过大的压力，反而容易让你半途而废。

过程管理和结果管理：确保你走在正确的道路上

确定了详细的目标之后，接下来就需要对能力的培养过程进行有效的管理。这包括过程管理和结果管理两个方面。

◎ 过程管理：克服障碍，灵活调整

过程管理是指在朝着目标前进的过程中，你需要时刻关注自己的进展，及时发现遇到的问题和障碍，并找到克服它们的方法。

比如，在执行写作计划时，你可能会发现自己总是被琐事打扰，无法集中精力写作。这时，你就需要想办法克服这个障碍，比如调整自己的时间表，或者创造一个更加专注的写作环境。过程管理还需要你保持灵活性，根据实际情况调整执行目标。比如，你原本计划每天写作一个小时，但后来发现这样会导致自己过于疲惫，影响写作质量。那么，你就可以将执行目标调整为每天写作 45 分钟，但要求自己在这 45 分钟内保持高度的专注。

◎ 结果管理：复盘总结，持续改进

结果管理则是对阶段性的绩效目标进行复盘和评估。

比如，你可以每个月对自己的写作成果进行一次总结，看看自己完成了多少篇文章，每篇文章的阅读量如何，是否达到了预期的指标目标。

在复盘过程中，你需要客观地分析自己的成绩和不足，找出影响绩效的原因，并据此制订下一阶段的改进计划。比如，你发现某个月的文章阅读量普遍偏低，那么你就需要分析是文章质量的问题，还是推广策略的问题，然后在下个月做出相应的调整。通过过程管理和结果管理，你可以确保自己始终走在正确的道路上，不断朝着终极目标前进。同时，这种管理方式还能帮助你及时发现并纠正偏差。

近年来，越来越多的企业采用 OKR（目标与关键结果）管理方法，鼓励员工设定具体、可量化的目标，并定期复盘，以实现企业和个人的共同成长。

期待内化：从结果导向到行动导向

在追求能力提升的过程中，我们很容易陷入一个误区：过度关注结果，而忽视了行动本身。这种结果导向的思维模式往往会让我们陷入内耗之中，因为结果往往是不确定的，受多

种因素影响。一旦结果不如意，我们就会质疑自己的努力，甚至陷入自我否定之中。为了避免这种情况发生，我们需要将期待内化，即将关注点从你无法控制的结果转移到你可以控制的行为上。这样，你就可以专注于自己能够做的事情，而不是被结果所左右。

心理学研究指出，将关注点从结果转移到过程，可以减少焦虑，增加满足感。史蒂芬·柯维在《高效能人士的七个习惯》中也提到“影响圈”和“关注圈”的概念。高效能人士更专注于自己能控制的方面（影响圈），而非将精力浪费在不可控的事情上（关注圈）。这种思维方式有助于减少内耗，提高行动力和效率。

比如，你正在努力学习英语，希望能够在 3 个月内通过英语六级考试。这是一个具体的指标目标。但是，如果你过度关注这个结果，就会很容易被它牵制情绪。一旦某次模拟考试的成绩不理想，你可能就会陷入自我怀疑和焦虑之中。

所以，你应当将关注点转移到自己可控的行动上。比如，“我要每天背诵 50 个英语单词，每周完成 3 篇英语阅读理解，每月进行一次模拟考试，并详细记录错题和反思”。这样，无论最终考试的结果如何，你都可以因为自己完成了这些具体的行动而感到充实和满足。

将期待内化，还意味着要学会接受不确定性。我们要明白，无论多么努力，有些事情的结果仍然是不确定的。比如，你可能已经为英语六级考试做了充分的准备，但考试当天可能出于种种原因（比如身体不适、考题难度等）而没有达到预期的成绩。这时，如果你过度关注结果，就会很容易陷入内耗之中，质疑自己的努力。但如果你将关注点放在行动上，你就会知道自己已经尽了最大的努力，无论结果如何，都值得为自己感到骄傲。

我的学员小李是一个热爱跑步的人，他给自己设定了一个目标：在三个月内完成一次半程马拉松。但是，在训练的过程中，他遭遇了膝盖受伤。这对于他来说是一个巨大的打击，因为他原本以为自己的训练计划非常完美，只要按照计划执行，就一定能够完成目标。但是，受伤让他不得不暂停训练，重新调整计划。

在这个过程中，小李经历了很大的内耗。他一开始非常沮丧，觉得自己之前的努力都白费了。但是，后来他逐渐意识到，跑步不仅仅是为了完成一次半程马拉松，更是为了享受跑步的过程，为了保持健康和愉悦的心情。于是，他开始将关注点从完成比赛转移到每次跑步的感受和进步上。他不再为了完成目标而强迫自己训练，而是根据自己的身体状况和心情来调整训练计划。最终，小李虽然没有在三个月内完成半程马拉松，但他的跑步之旅却变得更加充实和有意义。他学会了享受跑步的过程，学会了接受不确定性，也学会了将期待内化，从关注结果转移到关注行动上。

所以，你在追求能力提升的过程中，也请记得将期待内化，从关注无法控制的结果转移到可以控制的行动上。这样，无论最终的结果如何，你都可以因为自己付出了努力、完成了具体的行动而感到满足和自豪。因为，真正的成长和进步，往往就藏在这些看似微不足道的行动之中。

构建自我评价体系

在这个充满各种标准和评判的社会里，让我们经常陷入自我内耗的，除自身的能力因素外，还有一个不可忽视的原因，是我们过于依赖外界的评价系统——那些由他人设定的、千篇一律的“标准”，比如体重不过百才算苗条，拥有马甲线和细直腿才是美的象征，孩子成绩必须名列前茅才算优秀，好丈夫得既能赚钱又顾家体贴，好妈妈则需经济独立同时全身心陪伴孩子……这些外界的标签和期待，像无形的绳索，紧紧束缚着我们，让我们在内卷与自我质疑中挣扎。

然而，真正的自由与幸福，始于建立一套属于自己的评价体系。这是一套量身定做的内在指南针，它能帮助你矫正自我质疑，找回属于自己的价值感和自我提升的动力。

那么，如何构建自我评价体系？请参考自我评价表（见

表 4.2），静下心来，真诚地回答问题。

表 4.2　自我评价表

序号	问题	回答示例
1	你期待自己成为怎样的人？	智慧、勇敢、温柔（根据个人下意识浮现的第一个词填写）
2	在现在的外形基础上，你认为自己可以怎样进一步完美？	更健康、更有活力的体态（基于个人外形基础设定的目标）
3	你现在拥有哪些令人羡慕的东西？	温暖的家庭、热爱的工作、善良的心（列举个人独有的“宝藏”，包括有形的和无形的）
4	你觉得你在家中，给爱人和孩子提供了哪些价值？	（根据个人实际情况填写，如提供情感支持、经济保障等）
5	你计划如何陪伴家人？	设定具体时间与方式，如每周一次家庭活动、每天共进晚餐等（让陪伴成为生活的一部分）
6	你觉得自己最大的优势是什么？	某个一技之长、某方面的专业深度（根据个人实际情况填写）
7	你在做什么工作时最有成就感？	创意无限的设计、滔滔不绝的表达和演讲（根据个人实际情况填写）
8	你每月需要多少收入来满足生活需求并保障安全感？	（根据个人实际情况填写，确保既实际又激励人心）
9	过往让你不爽的事情，多源于他人还是自我不接纳？	识别问题根源，如源于他人或自我不接纳，并学会表达底线、给予自己接纳与肯定
10	十年后，或二十年后，你希望自己拥有怎样的人生状态？	描绘全面愿景，包括事业、性格、健康、婚姻、儿女、贡献等方面（根据个人长期努力方向填写）

这只是一个开始，每隔一段时间（建议以一个月为周

期），重新审视并更新你的答案。随着时间与经历的积累，你的自我评价体系会更加成熟与完善。但最重要的是在行动中去切实感受和践行，比如当你面对外界质疑的时候，能否用自我评价体系作为盾牌，坚守内心？能否识别到自我怀疑的内耗状态并迅速抽离？

构建自我评价体系，是一场从依赖外界评价到拥抱内在价值的深刻转变。它需要你勇敢地站出来，拒绝被标签定义，活出最真实的自我。在这个过程中，你会发现，真正的幸福与成功，从来不在别人的眼中，而在自己的心中。

本节思考

在阅读了关于目标内化的内容之后，试着确定一个你自己的短期目标，并将其分解为终极目标、指标目标和执行目标。

第四节　自我提升三剑客：读书、见人、刻意训练

在内耗的泥潭中挣扎时，我们往往渴望找到一条能让我们真正成长、实现自我提升的道路。而关于能力提升，我总结出了三种尤为有效的方法：读书、见人、刻意训练。这三种方法不仅能帮助你拓宽视野、深化认知，还能让你在实践中不断

成长，最终将内耗转化为推动你前进的动力。

读书：不仅是知识的获取，更是认知的升级

读书，这个词听起来或许有些老套，但它确实是提升自我、拓宽认知边界最直接也最经济的方式。这里的“读书”不仅仅局限于纸质书籍，它包括了各种形式的学习：电子书、优质的影视作品、有价值的一手信息、权威网站的资料，甚至高质量的课程和讲座。

一本好书，就像一位智者，能带你穿越时空，领略不同文化的风采，理解不同领域的精髓。比如，读一本心理学图书，可以让你更深入地了解自己和他人，从而在处理人际关系时更加游刃有余；读一本历史书，可以让你从过去的经验中汲取智慧，更好地应对当下的挑战。

影视作品是生活的缩影。好的影视作品不仅能给你带来视觉和听觉的享受，更能激发你的思考。比如，通过观看一部反映社会现实的电影，你可以更直观地理解人性的复杂和社会的多面，从而在面对类似情境时更加从容不迫；一手信息和权威资料是知识的源泉。在这个信息爆炸的时代，学会筛选和获取有价值的信息至关重要。通过关注权威网站、订阅专业期刊、参加高质量的课程和讲座，你可以不断吸收新知，保持思维的敏锐和活跃。

读书和学习不仅仅是获取知识的手段，更是一种思维的训练。通过广泛阅读和学习，你可以接触到不同的观点和思维方式，从而培养自己的批判性思维和独立思考能力。比如，在阅读历史书籍时，你不仅可以了解到历史事件的发生和发展，还可以学会从不同角度去分析和评价这些事件，这对提升你的思维深度和广度非常有帮助。

我的一位学员小李原本是一个内向、不善言辞的人，经常因为不善表达而错失很多晋升机遇。后来，他开始大量阅读关于沟通和演讲的书，观看相关的视频课程，甚至报名参加线下的演讲培训班。经过一段时间的努力，他的沟通能力得到显著提升，不仅在工作中更加自信，还在一次公开演讲中获得了同事和领导的认可。小李的故事告诉我们，读书和学习真的是改变自我的有效途径。

见人：拓宽思考维度，从交流中成长

如果说读书是向内探索的过程，那么见人就是向外拓展的旅程。每个人都有自己的思维角度和人生经历，跟不同的人交流能够拓宽我们的思考维度，让我们看到更多元的世界。

那么，你需要见哪些人呢？

首先，是你的导师。导师是你的指路明灯。一个好的导师，能够给你系统思维和底层逻辑，带你洞穿某个领域的全局。他们不仅传授知识，更传授方法和态度。找到这样的导师，并虚心向他们请教，你将能更快速地成长和进步。比如，如果你在职场上遇到了瓶颈，不妨找一位经验丰富的导师，听听他们的建议和指导，可能会让你豁然开朗。

其次，是你的榜样。榜样可以是你在某个领域的偶像，也可以是你身边的优秀同事或朋友。他们通过自己的努力和成就，给你树立了正向的榜样。与他们交流，你可以学习到他们的成功经验和思维方式，从而激励自己不断前进。心理学理论认为，通过观察和模仿他人的行为，个体可以学习和掌握新的技能和策略。

最后，还有一些特别的人，那就是你的“敌人”。“敌人”是你的磨砺石，这里的“敌人”并不是指真正的仇敌，而是那些总是喜欢跟你抬杠、给你制造麻烦的人。虽然他们可能会让你感到不爽和内耗，但换个角度来看，这其实是一个锻炼逻辑思维和表达能力的好机会。你可以尝试用更加严谨和有说服力的方式来回应他的质疑，从而在这个过程中提升自己的能力。你可以把他们当成你的训练搭子，通过与他们交流和交锋，提升自己的应变能力和沟通技巧，也可以大幅提升自己的反内耗能力。

我的学员小张，在工作中经常遇到一个特别难缠的同事。这个同事总是对他的工作指手画脚，甚至故意给他制造障碍。

一开始，小张感到很沮丧和无奈，但后来，他开始尝试从这个同事的角度去思考问题，并把他当成一个训练搭子。通过不断的交锋和较量，小张不仅锻炼了自己的沟通能力和应变能力，还逐渐赢得了这个同事的尊重和认可。小张的经历告诉我们，与人交流并不总是愉快的，但正是这些不愉快的经历让我们成长和进步。

刻意训练：知行合一，通过实践实现蜕变

知道了很多道理，却依然过不好这一生，这是因为知道并不等于做到。无论是读书还是见人，只有将所学转化为实际行动，并在实践中不断锤炼自己，才能真正实现能力的提升和蜕变。这就像学习游泳一样，无论你看了多少游泳教程，听了多少游泳技巧，如果不亲自下水去练习，你永远也学不会游泳。而刻意训练，就是将知识转化为能力的关键步骤，旨在实现“知行合一”。

刻意训练的关键是“刻意”，也就是在练习时要有明确的目标、专注的态度和及时的反馈。只有这样，你才能在练习中不断纠正错误、优化方法，最终将知识转化为自己的行为习惯乃至性格气质。刻意训练并不是简单的重复练习，而是有目标、有计划、有反馈的训练。明确的目标指导下，进行有针对性的练习，并不断接受反馈，调整自己的方法和策略。

在刻意训练的过程中，你还要学会给自己设定合理的目标和期望。不要急于求成，也不要妄自菲薄。你要根据自己的实际情况和能力水平来制订训练计划，并逐步提高自己的要求和标准。同时，你也要学会接受自己的不足和错误，每次练习后都要花时间回顾自己的表现，思考哪些地方做得好，哪些地方可以做得更好，将反思和总结的结果记录下来，这样不仅可以加深记忆，还可以为以后的练习提供参考。并从中汲取经验和教训。只有这样，你才能在刻意训练的过程中不断成长和进步。

我的一个私教学员小王，在跟我学习之前，他总是觉得自己在公众场合说话紧张、不自信。后来，我给他制订了一个刻意的训练计划：每天对着镜子练习说话、每周参加一次线下的演讲活动、每个月录制一次自己的演讲视频并进行分析。一开始，小王觉得很困难，甚至有点想放弃，但在我的鼓励和指导下，他坚持了下来。经过几个月的努力，他的演讲能力得到显著提升，不仅不再紧张、不自信，还能够在公众场合自如地表达自己的观点和想法。小王的故事告诉我们，刻意训练真的是提升能力的有效途径。

除了个人层面的刻意训练，你还可以借助团队或社群实践来提升自己的能力。在团队或社群中进行刻意训练，或获得独特的优势——模拟真实场景的实践。比如你想提升领导力，可以加入一个项目团队，担任领导角色，实际操作和决策。在团队中，你需要与不同背景和专业的人合作，处理各种突发问题，比如市场调研、产品设计、资金筹集等。通过这些真实的项目经历，你的领导力、团队协作能力和解决问题能力都会得到实质性的提升。

罗马不是一天建成的，同样，能力的提升也不是一蹴而就的。刻意训练需要持续的坚持和耐心。你可能会遇到困难和挫折，但只要坚持下去，就一定能够收获成果。在刻意训练的过程中，要勇于挑战自己的舒适区，才能在实践中不断突破自己，从而发现自己的潜力和可能性。

三位一体，循环往复

三位一体的自我提升是一个循环往复、不断上升的过程。

通过读书和学习，建立扎实的理论基础和广泛的知识面，为后续的见人和刻意训练提供思路；通过与不同的人交流和学习，拓宽思考维度和视野；向导师学习系统思维和底层逻辑，从榜样身上获得正向激励和成功经验，从“敌人”那里提升应变能力和心理素质；通过刻意训练将所学转化为实际行动，在实践中不断锤炼自己，实现能力的提升和蜕变。然后，你又会回到读书学习，开始新一轮的成长循环，不断反复实现自我跃升。

打破人际关系内耗，转化自我跃升

小文是一位职场新人，进入一家公司不久，就遇到了严重的内耗问题：由于她缺乏职场经验，缺乏必要的沟通技巧，在跟同事相处过程中总是得罪对方，一些同事开始疏远和冷落她，让她很无助，不知道该如何应对这种局面。在我的疏导下，她反思到了自己缺乏职场人际技巧和沟通能力，于是结合自我提升的步骤，她进行了一系列努力。

首先，她通过读书和学习寻找思路，阅读一些关于职场沟通和人际关系的书，学习一些有效的沟通技巧和处理纷争的方法；然后，她找到了一位职场经验丰富的前辈，向他请教如何处理职场中的复杂关系。还与一些优秀的同事建立了良好的关系，从他们身上学到很多实用经验和技巧。同时，她并没有回避那些疏远和冷落她的人，而是尝试与他们进行更有效的沟通和协作。

为了提升自己的沟通能力和团队协作能力，她制订了一个详细的计划，包括每天与不同同事进行交流、每周参加一次团队建设活动等，并且寻求了他人反馈，比如请导师和同事对她的表现进行评价和建议。通过不断的练习和调整，她逐渐掌握了有效的团队协作技巧。

经过一段时间的努力，她在职场中的表现得到了显著的提升，不再感到困惑和无助，而是能够自信地应对各种复杂情况和人际关系，从一个内耗的受害者变成一个能够积极影响他人、推动团队发展的核心成员。

这个案例充分说明读书、见人和刻意训练对于自我突破和提升的积极作用，通过不断学习、拓宽视野和刻意训练，不仅可以提升自己的能力，还会改变自己的心态和思维方式，可以让你从一个被动接受者变成主动创造者，用自己的行动和影响力改善所处环境和人际关系。

本节思考　你最近一次感到需要自我提升是在什么情况下？具体来说，你计划读哪些书、与哪些人交流或进行哪些刻意训练的活动？

第五节　立即开始：越行动越有能量

你是否也曾有过这样的体验：面对一堆待办事项，却总是迟迟不愿动手，结果时间一天天过去，事情越积越多，内心的焦虑感也越来越重？或者，明明知道自己应该做些什么来提升自己，却总是因为各种原因而拖延，最后只能在自我责备中度过一天又一天？

行动，才是治愈恐惧的良药，而犹豫、拖延将不断滋养恐惧，它们会消耗我们的能量，让我们止步不前。在前面的内容中，我们探讨了如何将内耗转化为动力，实现自我提升。最后，让我们深入了解如何立即开始行动。

自我提升的五个行动步骤

自我提升听起来很抽象，其实它是一个逐步积累的过程，需要我们有明确的行动步骤。我们先来总结一下将内耗转化为自我提升的行动步骤：下面，我们就来一起看看如何从内耗中走出，实现自我提升。

◎ 第一步：识别内耗之源

在你的内耗事件中，确定缺失的能力。这可能需要一些自我反思和客观的自我评估。比如，你在工作中经常感到焦虑和压力，这可能是因为你在时间管理或沟通技能上有所欠缺。又或者，你在人际关系中感到困扰，可能是因为你的情绪管理能力有待提高。

比如，你在工作中总是觉得力不从心，每天都忙得焦头烂额，但工作效率却很低。经过自我反思，你会发现自己在时间管理方面存在很大问题。总是拖延，不知道如何合理安排工作时间，导致很多任务都积压在一起，最后不得不加班完成。

通过这个例子，我们可以看到，识别内耗之源是自我提升的第一步。

◎ 第二步：归类并排序

在识别出内耗之源后，将需要提升的能力进行归类，并按照自我管理和技能两方面进行划分。然后，根据自己的需求和价值观对这些能力进行优先级排序。这样，我们就能更清楚地知道哪些能力是我们最需要提升的。

比如，如果你发现自己在时间管理、情绪管理和健康管理方面存在不足，那么这些可以归为自我管理类能力。如果你想要提高自己的编程技能、写作能力或者语言表达能力，那么这些可以归为技能类能力。在对这些能力进行排序时，你可以考虑自己的职业发展需求、个人兴趣爱好以及当前需求的紧迫程度等因素。

◎ 第三步：培养习惯

对于自我管理分类下的能力，我们可以将其作为习惯来培养，也就是说你需要将这些能力融入你的日常生活中，使其成为你的生活方式。习惯养成需要时间和坚持，但是一旦养成，它们将成为生活的一部分，帮助我们更好地管理自己。

比如，如果想要提高自己的健康管理能力，那么你可以设定一个每日锻炼计划，并坚持下去。一开始，你可能会觉得很困难，但是只要坚持一段时间，就会发现自己的身体和精神状态都有了很大的改善。你也可以养成良好的饮食习惯，比如多吃蔬菜水果，少吃油腻食物。这些习惯不仅有助于你的身体健康，还能提高工作效率和生活质量。

◎ 第四步：制订详细计划

对于技能分类下的能力，我们需要制订详细、具体的计划去集中培训。确保你的计划是可行的，并包含明确的目标和时间表。

比如，想要提高自己的编程技能，那么你可以制订一个学习计划，每周学习一个新的编程概念，并实践一个小项目。你可以通过参与在线课程、读书或者参加培训班等方式来学习编程知识。在学习的过程中，要注意实践，将所学的知识应用到实际项目中，这样才能更好地掌握编程技能。

◎ 第五步：付诸行动并注重体验

最重要的是要付诸行动，并在行动中获得提升。不要只是停留在计划和理论上，要勇敢地迈出那一步去实践，要注重体验，体验是我们学习和成长的重要途径，它能让我们更加深入地了解自己和世界。通过实际的体验和行动，你才能真正地提升能力并终结内耗。

比如，你在学习编程的过程中，可以尝试不同的编程方法和工具，感受它们的优缺点。你也可以参加一些编程比赛或者项目，与其他编程爱好者交流和合作，这样不仅能提高你的编程技能，还能拓展你的人际关系。

发掘行动力的六个方法

我们再来说说行动力。很多人经常会面临的苦恼就是：道理我都懂，总是在心里无限描绘着理想的蓝图，却往往在行动面前败下阵来。内耗、拖延，像无形的手拖住自己的脚步。明明知道该做什么，却总是在“再等等”“明天开始”的借口中，让计划一再搁浅。

面对这样的自己，你是否也感到无奈和焦虑？其实，你不是缺乏改变的愿望，而是缺少了那把打开行动力的钥匙。这一节，我们就来聊聊如何发掘自己的行动力，从“知道”迈向“做到”，让行动成为生活常态，走出内耗怪圈。

◎ 挖掘行为动机

首先要挖掘自己的行为动机，没有动机就没有行动的内驱力。不要平白无故地强迫自己去做一些你认为应该做的，而应该尽可能地让你的大脑感觉这是我想做的事，这样才能更容易开始和坚持。

那么如何挖掘动机呢？可以思考两个问题：做了这个事情，我能得到什么好处？不做这个事情，我要承担什么样的后果？以此变被动为主动地想要去做这个事情。

比如，你想要减肥，但是却总是疏于行动。那么可以多想想减肥给你带来的好处，如让你更加自信、有气质，还能穿上漂亮的衣服。以及想想继续发胖会带来什么后果，比如增加疾病风险、影响形象和人际关系。通过这样的思考挖掘自己的减肥动机。

◎ 制造良好体验

给自己的行为制造一些良好的体验，挖掘乐趣。这样长此以往，每次一想到这个事情就会觉得是快乐的，而不是大脑抵触的。

比如，你想读书，却因为枯燥而总无法开始。那么你可以尝试在读书的时候放一首很静心的背景音乐，或者泡一杯自己喜欢的咖啡。让读书变成一种享受。又比如，你喜欢运动，但是却总是很辛苦而懈怠，那么你可以尝试和朋友一起监督打卡，或者参加一些有趣的竞赛活动，这样运动就变成了一种社交和娱乐活动，你也会更加容易坚持。

◎ 给大脑清晰的指令

行动前一定要给大脑一个清晰的指令，要有具体的任务、时间、动作指令，这样才更容易执行下去。要知道，大脑是非常懒的，指令如果不够清晰，它就会因为纠结到底做什么运动而拖延。

比如，你想要明天早上运动，不要只是简单地说“明天我要运动”，而要说“明天上午 9 点半我要跳绳半个小时”。这样，大脑就会清楚地知道自己要做什么，什么时候做，怎么做，从而更加容易执行下去。又比如，你想要学习编程，不要只是说“我要学习编程”，而要说“今天晚上 8 点到 10 点，我要学习编程的函数概念，并做一个小练习”。这样，大脑就会有一个明确的目标和计划，从而更加容易集中注意力，提高学习效率。

◎ 先做最难的项目

制订行动计划时，尽量先做最难的项目。因为先做最困难的部分，大脑会形成正向的增强回路，就会更加有信念完成余下的任务。

比如，如果对你来说运动是最困难的，就把运动排在早上第一个项目。当完成了运动这个最难的任务后，你会觉得自己很有成就感，也会更加有信心去完成其他任务。又比如，如果学习编程中的算法是你最头疼的部分，那么可以先学习算法，当掌握了算法后，你会觉得编程也没有那么难了，从而更加有动力去学习其他部分。

◎ 制造反馈

给自己的行为制造一个反馈，更容易坚持。比如人为什么喜欢吃瓜子呢？因为每一颗都有反馈，所以会让人停不下来。那么你在行动时也可以给自己一个反馈，以此激励自己。

比如，每读 30 分钟书，你都可以用打卡软件打个卡，或给自己一个积分表，读够多长时间积多少分，甚至可以给自己一个外在的奖励反馈，积分多少给自己一个什么样的礼物。当然，不能完全依赖外在奖励，最重要的是要激活内在的动机和行动驱力，才能长久。

◎ 养成记录收获的习惯

最后，非常重要的是，要养成记录自己收获的习惯。比如每读一本书，我都要写一篇自己的成长心得，每次跟老师交流后，我都要总结收获。这样能够实实在在地感受到自己的进步，产生更大的动力继续付诸行动，从而形成良性循环。

比如，你学习了一段时间编程后，可以回顾一下自己的学习历程，写下学会了哪些知识和技能，遇到了哪些问题和挑战，是如何解决的。这样，你就能清楚地看到自己的进步，也会更加有信心和动力去继续学习。

提升能量的四个技巧

回想一下，你是否存在这样的糟糕体验：经常会感到身体疲惫，仿佛总是睡不醒，即使醒来也缺乏活力，对日常活动感到力不从心；对任何事情都提不起兴趣，犹豫不决，难以做出决定；情绪上可能会易怒、不耐烦；在工作或学习中，效率降低，注意力难以集中；对社交活动失去热情。

这些都是缺乏能量的典型表现，不仅影响日常生活，还会阻碍个人成长和进步。能量是我们行动的动力源泉，因此，识别并提升能量状态，对于走出内耗、实现自我提升至关重要。

下面，我们来总结一下能量提升的四个技巧。

◎ 控制消耗

控制你的消耗，节省你的心力成本。所以一定要学会过滤掉没必要的冲突，也要学会关注自己，不要过度关注别人。将你的时间和精力都投入在最能给你带来成长的事情上，而不是消耗你的事情上。

比如，你在工作中可能会遇到一些同事之间的矛盾和冲突，这时候不要过度纠结，而是要学会保持冷静，避免被这些冲突消耗你的能量。也要学会拒绝一些不必要的活动，比如一些无聊的社交或者聚会，这样你就能有更多的时间和精力去做自己真正想做的事情。

◎ 制造体验

人生重在体验。当你能量低迷的时候，可以去做一些能让自己快乐、有活力的事情，比如运动，读书，参加高质量的线下读书会，见见有趣的人，或者做一些你一直很想做的事情，学一门新的手艺，培养新的爱好，制造新的体验以此补充你的能量。

比如，你最近工作压力很大，感觉能量很低。这时候，你可以去参加一个瑜伽课程，通过运动和冥想来放松自己的身心；你也可以去参加一个线下读书会，和其他读者交流和分享自己的读书心得，这样不仅能丰富你的知识，还能拓展你的人际关系。你还可以学习一门新的手艺，比如绘画、摄影或者手工制作，这样才能让你感受到创造的乐趣，提升你的能量。

◎ 创造价值

创造价值，也就是去做那些能够发挥你的价值的事，做你擅长的事，能够帮到别人的事，获得自己的价值感，为世界创造贡献。

比如，你擅长写作，那么你可以利用自己的写作技能为一些公益组织或者社区写一些宣传文章，这样不仅能发挥你的价值，还可以帮助到那些需要帮助的人，比如辅导学生学习、照顾老人或者参加志愿者活动，这样才能让你感受到自己的价值，提升你的能量。

◎ 行动起来

神经科学研究发现，当我们采取行动时，大脑会释放多巴胺等神经递质，这些化学物质会增强我们的动机和愉悦感。所以，行动是提升能量的最有效方式。当你行动起来时，你的信心和动力也在不断增强。比如，当你想学习一门新的语言时，不要只是想，而是要行动起来。报名参加一个语言培训班，或者找一个语言学习伙伴，一起学习和交流。在行动的过程中，你会通过掌控感获得越来越多的信心和动力。

总之，立即开始行动是实现自我提升和能力提升的关键。通过识别内耗之源，确定行动步骤，发掘自己的行动力，以及提升能量，我们可以从内耗中走出，实现自我成长和进步。

请你现在，立即开始行动吧！

本节思考

你最近一次面临内耗时，是什么阻止了你立即采取行动？现在，使用本节提到的行动步骤和提升能量的技巧，制订一个具体的行动计划来应对你当前或下一次可能遇到的内耗情况。

第五章

总结反内耗路径

CHAPTER 5

在前面的章节中，我们探讨了内耗的本质、应对他人引发内耗的方法以及消融自我情绪内耗、转化自我提升的技巧。在这一章中，我们将总结反内耗训练的路径，我会带你一步步完成觉察卡的制作，每一步都是环环相扣、有节奏的训练过程。这是一个重建思维模式的过程，通过一系列心法和技巧的自我训练，我们终将终结内耗的思维，逐渐养成清醒而强大的性格，获得切切实实的自我提升和成长。直至本章结束，你将能写出一个完整的觉察卡，这也是一份完整的自我训练行动指南。通过下面的小测试（见表5.1），你可以更清晰地了解自己在反内耗路径上的现状，并通过本章节的学习，针对性地提升自己的反内耗能力。

表5.1　反内耗能力自我评估表

序号	问题	总是	经常	有时	很少
1	你是否能够及时觉察到自己的情绪变化？	3分	2分	1分	0分
2	当你感到不适时，你是否能准确识别自己的需求？	3分	2分	1分	0分
3	你是否经常反思自己的行为和想法，以更好地了解自己？	3分	2分	1分	0分
4	当他人出现的问题影响到你时，你是否能清晰地区分这是他们的问题？	3分	2分	1分	0分
5	你是否能够避免过度承担他人的责任或问题？	3分	2分	1分	0分
6	当他人对你有所期待时，你是否能坚定地维护自己的界限？	3分	2分	1分	0分

续表

序号	问题	总是	经常	有时	很少
7	你是否能够忽略无关紧要的批评和负面评论？	3分	2分	1分	0分
8	在做决定时，你是否能过滤掉外界的干扰，听从自己的内心？	3分	2分	1分	0分
9	你是否能够避免因为外界压力而做出不符合自己价值观的选择？	3分	2分	1分	0分
10	你是否有足够的能量和动力去关注和实现自我提升？	3分	2分	1分	0分
11	面对挑战时，你是否感到自己内心足够强大？	3分	2分	1分	0分
12	你是否有足够的行动力，在践行中切实提升自己？	3分	2分	1分	0分
总分范围	评分结果：请根据你的实际情况选择相应的选项，并计算总分				
36~40分	你在反内耗路径上表现出色，具有良好的自我觉察能力，能够清晰分辨他人和自己的课题，能够有效过滤外界声音，并有强烈的自我提升动力和强大的内心				
28~35分	你在大多数方面做得很好，但可能在某些领域需要进一步的发展和加强				
20~27分	你在一些关键领域可能经历了挑战，需要更多的自我觉察和实践来提升反内耗能力				
19分及以下	你可能需要在多个方面加强反内耗的能力，包括提升自我觉察、界限设定、过滤外界干扰和增强内心的力量				

第一节　事件拆解：自我觉察是最好的开始

首先，我们来学习第一步：拆解内耗事件。当你感到内耗时，要通过具体的事件来拆解你的内耗点和需求。

写事件日记

什么是事件日记呢？简单来说，就是记录下那些让你感到内耗的具体事件。这些事件可能来自工作、家庭、社交等各个方面，我们称之为“事件日记”。事件日记的目的是帮助你详细地记录下发生的事情，而不是让情绪泛滥成灾。注意，一个觉察卡只写一件事情，不要扩散，不要翻旧账写长篇故事，保持客观与细致，只聚焦于你想要拆解的那一个具体事件。

比如，你和丈夫发生了争吵，心情特别糟糕，产生了内耗，你可以记录：“今天又一次因为家务活的问题和丈夫发生了争吵，我提醒他很多遍把房间打扫一下，结果直到晚上要睡觉时他都没有打扫，我很生气地说他不负责任，结果他反而说我因一点小事而斤斤计较，然后我们大吵一架！”

列出你的内耗点

接下来，我们要从事件中抽出内耗点。当你深陷内耗时，首先得知道到底在内耗什么？内耗点就是在这个事情中，让你产生情绪、产生内耗的点。内耗点需要自己觉察，因为每个人对同一件事的感受是不同的，只有自己最清楚让你内耗的那个点是什么。

你是否有这样的体验？当遭遇情绪冲击时，如果你能够将当时的感受清晰地说出来，你会感觉好很多。所以，列出内耗点的目的是进行深度的自我觉察，这个过程能够让你学会正视内心，正视真实的自我，从而学会自我接纳。

内耗点的公式是：谁（可能是对方，也可能是自己）说了什么或做了什么事，给你带来怎样的感受。你期待怎样的解决方案或结果。

注意：一个事件中可能会存在多个内耗点，尽可能地一条一条都拆出来，有几个写几个。

比如，小李在工作中遇到了一个难题，他向同事请教，但是同事却只是三言两语简单回答，没有给他实质性的帮助。在这个事件中，小李的内耗点可能有：

- 同事的敷衍让小李觉得自己不受重视，感到很失落和无助。小李希望同事能给自己一些有用的建议和帮助。
- 小李也对自己的能力产生了怀疑，觉得自己是不是不够优秀，才会让同事这样对待自己。小李希望自己能提升能力，让自己变得更加优秀。

觉察内耗点背后的需求

我们要找出每个内耗点对应的需求。需求是内在的，它指向你真正需要满足的东西。可以参考马斯洛的需求理论，我们所有的需求都可分为生理需求、安全需求、归属需求、尊重需求和自我实现需求这五层。每个行为背后都有一个内在的需求。

比如，在小李的例子中，第一个内耗点的需求是社交需求和尊重需求，他希望在工作中能够与同事建立良好的团队关系，得到同事的尊重。第二个内耗点的需求是自我实现需求，他希望自己能够不断提升能力，实现自己的价值。

需求和行为期待的区别

在这里，我们需要强调一下，需求和行为期待是不同的。很多人经常把需求和行为期待混淆。行为期待就是你认为能满足你需求的做法或某个方案，比如你希望丈夫能听话，你让他做家务的时候他能够照做，这是你对丈夫的行为期待，你背后的需求是被理解、被关爱，这是尊重需求。

为什么要强调两者的不同呢？

- 需求是可以被满足的，而行为期待却未必，这是因为——你所提出的行为方案，对方可能不愿意做，或者对方出于种种原因做不到。
- 需求是没有对错的，而行为期待是有规则的。比如你需要被理解、被尊重，这是你的权利，没有对错之分。但你期待对方必须按照你的方式来做事，这就可能会影响对方的底线。

- 满足需求的方式有很多，并不止一种方案，所以不必过度执着于某个特定的期待。只有确定好最根本的需求，才能够有方向地探寻其他可行方案。

比如在小李的案例中，他的期待是同事能够给出实际可用的指导，但是同事可能有自己的工作，无暇顾及，这并不代表同事不尊重他，而小李也并没有权利要求同事必须事事有回应，小李获取良好人际关系的方式其实有很多，比如尊重他人的节奏，选择他人闲暇时刻寻求帮助。所以，行为期待不能作为需求写到觉察卡上，否则你容易以想当然的期待要求对方，从而制造出更多冲突而加重内耗。

写卡作业

最后，请完成我们的写卡作业，也就是觉察卡的第一步（见表5.2）：写下最近困扰你的一个事件，并列出这个事件中你的内耗点是什么？以及，请觉察每个内耗点背后的需求是什么？

内耗点格式：对方或者自己的什么言行给你带来了什么感受？你期待怎样的解决方案？（同一个事件中未必只有一个内耗点。）

表 5.2　觉察卡的第一步

<table>
<tr><th colspan="2">事件日记：今天早上和丈夫吵架了。因为他又把脏衣服扔在床上，我很生气，跟他大吵一顿，他的态度非常让人生气，反过来责怪我小题大做</th><th>对应需求</th></tr>
<tr><td rowspan="2">内耗点 1</td><td>丈夫说我没事找事，让我觉得他不理解，无视我的情绪，我非常愤怒，感觉很受伤</td><td rowspan="2">被尊重，被理解</td></tr>
<tr><td>我期待他能听我说话，别跟我抬杠</td></tr>
<tr><td rowspan="2">内耗点 2</td><td>我冲丈夫大吼一顿，把东西摔在地上，感觉自己又一次失控、歇斯底里，很懊恼，感觉很失败很无力，对自己很失望</td><td rowspan="2">自我实现需求</td></tr>
<tr><td>我希望自己不要老是发火，不喜欢这样的自己</td></tr>
<tr><td>备注</td><td colspan="2">请根据你的实际情况填写内耗点和对应需求，如果有多个内耗点，可以继续添加。这样的表格形式有助于你清晰地识别和理解事件中的内耗点以及背后的需求</td></tr>
</table>

拆解内耗点和需求是反内耗训练的开始，它帮助你从具体的事件中抽离出来，看清问题的本质，并为下一步的反内耗训练做好准备。希望你能认真完成这个作业，不妨现在就拿起笔，写下你的事件日记，开始你的反内耗之旅吧！

第二节　内耗归类：精准识别你的内耗源

在上一节中，我们学习了如何拆解内耗点和对应的需求，这是反内耗训练的第一步。现在，我们要进入第二步：将内耗源进行归类。

如何区分：你的内耗是他人引发的，还是自我内耗

在生活中，很多时候你会很容易混淆外界言行带来的内耗和自我内耗，有时候明明是对方的言行有所不妥或者正在伤害你的权益，而你却一味自责自己太小心眼或太敏感，徒增无谓的内耗；而有时候可能并非对方的过错，你却以自己的标准要求别人，或执着于改变他人说服他人，使自己陷入不满和愤怒的情绪旋涡中。在你没有弄清楚真正的内耗源时，你会很难终止自己的内耗状态。

那么，到底如何区分呢？

首先，如果你的内耗事件中，并不存在明确的对象冲突，而是你对一些现象产生了一些无法调和的内在情绪，那么很明显就属于自我内耗。比如，你因为自己发胖而感到自卑，或者因为担心失业而焦虑，这些都属于自我内耗的范畴。

其次，如果在这个内耗事件中，存在明确的对象，并且在对方的某些言行刺激下，你产生了内耗，那么我们就需要进一步判断这个内耗是他人引发的，还是内在的。因为这里涉及规则的问题，我们需要判断对方是否存在满足你的义务。

要区分你的内耗究竟是来自他人还是自己，关键在于——你的困扰是否有“债”可追。这里的“债”指的是基于公认的原则、道德或法律以及价值观之上的规则意识。如果当前这个

事件是对方违背了这些规则而造成的损失或伤害，那么这就是对方引发的内耗；如果对方的行为并无过错，而是由于我们内心的脆弱、心态上的不平和、对生活的不接纳或者对外界不合理的要求而产生的痛苦，那么这就是自我内耗。

听起来很简单，但其实现实生活中，由于每个人的价值观差异，很多时候双方对同一件事的对错标准经常会存在分歧，就会导致你很难确定规则，所以无法对内耗归类。比如，丈夫认为节日礼物不重要，重要的是感情，所以他不喜欢花时间刻意准备礼物。而你认为礼物代表着心意，代表对方对你的重视，所以你认为节日必须送礼物。那这个时候如果发生了丈夫没送礼物而导致双方争吵的事件，你该如何归类呢？

在这里，你可以参考以下建议：

第一，谁内耗，以谁为主。即在归类内耗时，应以主动自我觉察的内耗者的感受和规则为主。

比如，如果当前写觉察卡的内耗人是你，在你的规则里你认为必须有礼物，你坚持认为节日期间伴侣应当送礼物表达心意，否则就是对方的失职或冷淡；那么你可以归类为丈夫没有准备礼物给你带来了精神上的消耗。

第二，若可以尊重对方的价值观，可归为自我内耗。如果你经过思考，发现这个价值观很难辨对错，你可以调整自己的心态，不要求一定要对方跟自己一样，那么，你可以归为自己的内耗，归为自己与对方的价值观不同，并且是无法改变对方而造成的情绪内耗或能力内耗。

比如，你经过反复思考和斟酌，觉得丈夫的看法也有道理，你能够理解他与你的观念差异，也可以不归咎于他。只是你心里还是会不开心，那么你可以认为是没有收到礼物而产生了失落感，或者我和丈夫想法不一，我有些失落，归为自我情绪内耗。

因此，如何归类取决于个人规则和意识。

一般情况下，内在价值观相对稳定，但也可调整。正如史蒂芬·柯维所言："我们的价值观是我们行为的指南针，但它们并不是一成不变的。"所以，如何经过反复思考，你认为自己可以改变价值观，这样规则就会发生变化，原本的内耗可能就会化解。

当然，在归类内耗源时，我们也需要考虑道德和法律底线。如果一方的行为严重违背道德或法律，那么无须进一步沟通，可直接判定对方出局，也就是放弃关系或者介入权威的方式进行整治。只有通过明确区分内耗的来源，才能分离课题以及针对性地一步步终结内耗。

写卡作业

最后，请完成我们的写卡作业，也就是觉察卡的第二步（见表 5.3）：把第一章作业中困扰事件的困扰点，进行归类，是对方引发的（实质性 / 精神性），还是你自己的困扰（情绪 / 能力）？

表 5.3　觉察卡的第二步

<table>
<tr><th colspan="2">事件日记：今天早上和丈夫吵架了。因为他又把脏衣服扔在床上，我很生气，跟他大吵一顿，他的态度非常让人生气，反过来责怪我小题大做</th><th>对应需求</th><th>内耗分类</th></tr>
<tr><td rowspan="2">内耗点 1</td><td>丈夫说我没事找事，让我觉得他不理解，无视我的情绪，我非常愤怒感觉很受伤</td><td rowspan="2">被尊重，被理解</td><td rowspan="2">他人引发的精神消耗</td></tr>
<tr><td>我期待他能听我说话，别跟我抬杠</td></tr>
<tr><td rowspan="2">内耗点 2</td><td>我冲丈夫大吼一顿，把东西摔在地上，感觉自己又一次失控、歇斯底里，很懊恼，感觉很失败很无力，对自己很失望</td><td rowspan="2">自我实现</td><td rowspan="2">自我情绪内耗</td></tr>
<tr><td>我希望自己不要老是发火，不喜欢这样的自己</td></tr>
<tr><td>备注</td><td colspan="3">请根据你的实际情况填写内耗点和对应需求，如果有多个内耗点，可以继续添加。这样的表格形式有助于你清晰地识别和理解事件中的内耗点以及背后的需求</td></tr>
</table>

通过这样的归类和写卡方式，你可以更深入地了解自己的内耗源，从而更有针对性地采取行动来化解内耗。反内耗是一个持续的过程，需要你不断地自我觉察和调整。

第三节　降级过滤：定位你的内耗层级

在深入探讨降级这个关键概念之前，我们先来回顾一下之前提到的一些要点。我们知道，在同一个事件中，我们常常会面临多个不同的内耗点。这些内耗点可能源自不同的内耗源，并且不同的内耗源之间存在着叠加关系，自上而下分别为：他人引发的实质性的损耗，他人引发的精神性的消耗，自我情绪内耗，自我能力内耗。

简单来说，如果一个事件中存在他人引发的实质性的损耗，那么很有可能也会存在他人引发的精神性的损耗以及自我内耗；如果存在他人引发的内耗，那么也必然会存在自我内耗；而任何内耗都会夹杂着自我能力内耗。然而，在实际生活中，解决内耗可不是一件轻松的事情，它需要耗费我们大量的时间和心力。想象一下，如果我们为了解决一个问题付出的成本远远高于这个问题本身所带来的影响，那岂不是得不偿失？所以，在对内耗进行归类后，我们接下来要做的关键一步就是适当降级。

降级的含义及具体方式

降级，即你愿意把高层次的内耗调整为低层次的内耗。这样做的好处是，能够减轻我们的心理负担，使我们更加专注于解决问题本身，而不是被内耗的情绪困扰。具体来说，降级包括以下几种情况：

◎ 他人引发的实质性的损耗降级为精神性的消耗

当他人引发的实质性的损耗，其损失的成本是你可以承担的，或者没有赔偿的必要，你也不需要索取赔偿，但是你在精神上却遭受了重创和痛苦，对对方有着极大的不满时，我们就可以考虑将其降级为他人引发的精神性的消耗。

比如，同事借走你的订书机，用完之后却一直没有归还，等你要用的时候却找不到了。这个订书机虽然不贵，但你心里对同事的粗心大意非常不满。此时，你可以把这件事降级为他人引发的精神性的消耗。你可以觉得同事的行为缺乏责任感，让你对他的印象打了折扣。

◎ 他人内耗降级为自我内耗

在某些他人带给自己的内耗中，尽管是对方有错，但对于那些我们能够给予理解、接纳或忽略的冲突，或者出于种种原因追责成本过高，你可以选择不予追责对方，以此节省心力成本，这就是将他人内耗降级为自我内耗。这个动作也可以称为过滤。

比如，你在一个项目组中负责其中的一部分任务。临近项目截止日期，其他成员却没有按时完成自己的任务，导致整个项目进度受到影响。你心里很着急，也很生气，觉得他们没有责任心。但是，你又考虑到大家已经为这个项目全力以赴，可能只是遇到了一些困难。这时候，你可以选择降级，不去责怪其他成员，而是考虑如何调整自己的心态，更好地完成自己的任务，以尽量减少项目的损失。这样，你就把他人内耗降级为自我内耗了。

当然，降级为自我内耗并不是要一味沉浸于负面情绪中，而是转身面对自己，专心处理自己的情绪，以及更好地自我提升。

◎ 自我情绪内耗降级为自我能力内耗

当你陷入某些糟糕的、负面的自我不满、自我厌弃、焦虑恐惧等负面情绪中时，如果你能够很快意识到即将深陷情绪旋涡中，那么你就可以迅速抽离出来，恢复冷静和理智。这样一来，即可降级为自我能力内耗，从而想办法解决问题，继而提升自己。

比如，你参加了一场考试，成绩公布后，你发现自己的分数比预期的要低很多。你开始感到沮丧、失落，甚至怀疑自己的能力。但是，你很快意识到不能一直沉浸在这种负面情绪中，于是你冷静下来，分析自己在考试中的不足之处。你发现自己在一些知识点上掌握得不够扎实，答题时也不够细心。于是，你制订了一个学习计划，决定利用课余时间加强对这些知识点的学习，提高自己的答题技巧。这样，你就把自我情绪内耗降级为自我能力内耗了。

◎ 多层次降级

如果你愿意，你也可以直接降级几层，比如把他人内耗降级为自我情绪内耗，或者直接转化为能力提升。

比如，你在商场购物时，看到一件很喜欢的衣服，但是价格有点贵。你犹豫了很久，最后还是决定不买了。这时候，售货员走过来，说了一些不太好听的话，你感到很不舒服。你可以选择和售货员理论，但你觉得这样会浪费很多时间和精力，并且考虑到未来不会再和对方有往来，所以可以直接把这件事降级为自我情绪内耗，调整自己的情绪。

降级的注意事项

在降级的过程中，我们需要特别注意以下两个重点：

◎ 不要强迫自己降级

降级是为了节省心力成本，但绝不是为了强迫自己大度和宽容。如果我们强迫自己去做，反而会加重内耗。所以，能够降级的前提是发自内心地给予接纳。如果你确实无法放下高层次的内耗，那么就不需要降级。

比如说，你的朋友向你借了一笔钱，说好一个月后还你。但是一个月过去了，朋友却没有还钱的意思。你多次提醒他，他却总是找各种借口拖延。你心里非常生气，觉得朋友不诚信，辜负了你的信任。在这种情况下，如果你强迫自己把这件事降级为精神性的消耗或者自我内耗，可能会让你更加痛苦。你可以选择坚持自己的立场，要求朋友尽快还钱，或者通过其他方式解决这个问题。也就是说，仍然把这个问题归为他人引发的内耗。

◎ 降级不是将他人对自己的伤害转化为自我攻击

降级是过滤掉高层次的内耗，而不是将他人对自己的伤害转化为自我攻击。因为过滤掉高层次的内耗后，我们仍然会存在低层次的内耗情绪，所以我们需要继续面对自己，面对自己的情绪内耗或能力内耗。这种面对是对自我的接纳和审视，是为了更好地成长，而不是为了将他人的错误转移到自己身上。

举个例子，你的同事在工作中故意刁难你，让你感到很委屈和愤怒。如果你把这件事降级为自我内耗，然后开始责怪自己做得不好，或者觉得自己很没用，这就是将他人的伤害转化为自我攻击。正确的做法是，你很清楚同事的行为是不对的，但是由于你无法改变同事的性格，所以你决定降级，而降级意味着你会接纳自己的委屈，安抚自己的情绪，也会思考自己在这个过程中有没有可以改进的地方，比如提高沟通能力或者工作能力。

写卡作业

最后，请完成我们的写卡作业，也就是觉察卡的第三步（见表 5.4）：请回顾你在第二章作业中记录的内耗事件，思考这些内耗是他人引发的还是自我内耗？具体是哪个层级的？如果是他人引发的，你是否能够降级？你选择哪种心法过滤？（参考第二章第一节的五种心法。）

通过写卡过程，你可以更加清晰地认识到自己的内耗源和内耗层级，并可尝试用降级和过滤的方法来降低内耗成本。降级过滤是一种强大的工具，它可以帮助我们有效地管理内耗，减少它们对我们生活的影响。通过实践这些技巧，你将能够更加从容地面对生活中的挑战，将内耗转化为成长的动力。

第四节　面对外界：勇敢追责，筛选关系

在上一节中，你已经完成了反内耗训练的第三步，也就是对自己的内耗进行降级过滤，最终确定了内耗层级。接下来，我们分别对不同内耗层级的处理进行总结。

表 5.4　觉察卡的第三步

事件日记：今天早上和丈夫吵架了。因为他又把脏衣服扔在床上，我很生气，跟他大吵一顿，他的态度非常让人生气，反过来责怪我小题大做		对应需求	内耗分类	可否降级
内耗点 1	丈夫说我没事找事，让我觉得他不理解，无视我的情绪，我非常愤怒，感觉很受伤	被尊重，被理解	他人引发的精神内耗	可以（用过滤心法中的对等代入），降级为自我情绪内耗； 或者：不可以（我要与他谈判，因为他的说话方式很影响我们的关系）
	我期待他能听我说话，别跟我抬杠			
内耗点 2	我冲丈夫大吼一顿，把东西摔在地上，感觉自己又一次失控、歇斯底里，很懊恼，感觉很失败很无力，对自己很失望	自我实现	自我情绪内耗	可以，我意识到需要培养自己的情绪管理能力和沟通能力（或不可以，我目前情绪很糟糕，无法思考）
	我希望自己不要老是发火，不喜欢这样的自己			
备注	请根据你的实际情况填写内耗点和对应需求，如果有多个内耗点，可以继续添加。这样的表格形式有助于你清晰地识别和理解事件中的内耗点以及背后的需求			

当你定级在他人引发的内耗时，一定是他人的言行对你产生了负面影响或者伤害。那么基于对自己负责的原则，你首先需要做的是向对方追责，即对自己的需求负责，并向对方明确表达自己的感受和需求。这是停止外界内耗的第一步，也是至关重要的一步。

敢于追责是给予自己足够交代的重要一步，它能帮助我们避免自我压抑和讨好外界引发的内耗。

在追责的过程中，我们需要遵循以下原则：

- 明确性：清晰地表达自己的感受和需求，让对方明白你的底线和期望。
- 尊重性：在表达自己的同时，也要尊重对方的感受和立场，避免引发不必要的冲突。
- 建设性：以解决问题为目的，提出具体的建议和方案，而不是仅仅宣泄情绪或指责对方。

那么，具体如何有效追责呢？

洞察自己的感受和需求

当你感觉自己的权益被侵犯或受到伤害时，在追责之前，我们首先需要觉察自己的情绪，以此明确自己的需求。这包括了解自己的感受、识别被侵犯的权益以及明确自己希望达到的结果。

比如，你的同事总是把工作推给你，因此你感到压力很大，你的需求是在人际关系中获得尊重，得到公正合理地对待。只有明确了自己的需求，才能以满足需求为目的去追责对方，而不是为了宣泄情绪或回击对方，从而避免产生更多的冲突和内耗。这也是我们反内耗觉察卡中写明内耗点背后需求的意义所在。

向对方表达你的需求

运用第二章第二节的三种表达方式，向对方清晰地表达你的需求。重点是表达自己的感受和需求，而不是指责和攻击。在使用直言相告的表达方式时，要注意以下几点。

- 选择合适的时间和地点：确保在对方能够专注聆听、没有外界干扰的情况下进行沟通。
- 重点表达自己的需求，而不是指责和攻击对方。
- 具体而明确：尽量具体地描述你的感受和需求，让对方能够清晰理解。

比如，你可以这样说："我最近工作压力真的很大，你把工作都推给我，让我感到很疲惫，希望我们能一起商量一下，如何更合理地分配工作。"这样的表达既能让对方明白你的处境，又能避免引发冲突。通过这样的表达，让对方了解你的感受，从而更有可能解决问题。

表达需求的目的有两个：一是为了规避不必要的争执，让对方清楚你的目的是解决问题，而不是找碴；二是为了表示对自己的尊重，只有清晰地知道自己想要什么，别人才会尊重你。

注意，我们之前强调过，要区分需求和行为期待的区别。你希望对方做什么并不是需求，而是满足需求的一种方案。

告知对方你的底线

很多时候，即便你再三耐心地与对方沟通，用非暴力的方式表达你的需求，对方仍然不为所动。这时，你需要明确告知对方你的底线，以及对方继续冒犯或伤害你会承担的后果。

当然，告知底线可能仍然无法震慑对方，但这是为了给予自己最大的尊重。因为很多时候，你的内耗来自因讨好外界或一味妥协而产生的自我压抑。

为自己的需求付诸行动

如果经过多次言语沟通，对方仍然没有或不愿意做出任何改变，那么你可以采用第二章第三节的四种设局方法，采取必要的实质行动来影响对方做出改变和调整，以此对自己的需求负责。

比如，你的孩子总是沉迷于电子游戏，不听你的劝告。你可以通过自己的行动来言传身教，每天陪孩子一起读书学习，合理规划时间，并和孩子约定每天玩游戏的时间，设置相应的奖惩机制。如果孩子遵守约定，你可以给予奖励；如果孩子违反约定，你可以减少他玩游戏的时间。

总之，面对他人引发的内耗，我们要勇敢地追责，向对方表达自己的感受和需求，告知对方自己的底线和可能承担的后果。虽然我们很难直接改变他人，但我们可以潜移默化地影响他人。不过，这需要时间和耐心，不能急于求成。

最后的措施：筛选关系

如果到最后你都无法改变对方，那么你就需要衡量这段关系的权重。相较于对方给你带来的伤害，这段关系是否值得继续经营？在筛选关系时我们要考虑以下几个因素。

第一，关系的价值。这段关系对我们来说有多重要？它是否能够满足我们的核心需求？

第二，改变的可能性。对方是否有意愿和能力改变自己的行为？我们是否能够通过沟通和行动来影响对方？

第三，我们的底线。对方的行为是否已经触及你的底线？你是否愿意继续承受这种伤害或内耗？

基于以上考虑，接下来我们可以做出以下决定。

◎ 继续经营关系

如果对方的行为虽然有些不尽如人意，但总体来说这段关系对我们仍然有价值，且对方有意愿和能力改变，那么我们可以选择继续经营这段关系。

但这并不意味着我们要一味地妥协和忍受，而是要明确自己的底线和需求，通过持续的沟通和设局来引导对方做出改变和调整。同时，我们也要学会调整心态，接纳对方的不足，并专注于提升自己的幸福感和满足感。

◎ 降低期待，求同存异

如果对方的行为给我们带来了一定的伤害或内耗，但出于各种原因（如家庭责任、长期合作等）我们无法或不愿终止这段关系，那么可以选择降低对对方的期待，并学会求同存异。同时调整自己的心态，真正发自内心地接纳对方的顽固。毕竟，你已经为自己的需求竭尽全力，对自己有了足够的交代，所以不必为做不到的事情而耿耿于怀。

比如，你的父母总是对你的生活指手画脚，让你感到很压抑。你可以试着与他们沟通，表达自己的想法和感受，同时也尝试理解他们的关心。如果沟通无效，你可以降低对他们的期待，不要期望他们完全理解你，而是专注于自己的生活，做好自己的事情。

◎ 勇敢放弃关系

如果对方的行为给我们带来了持续的伤害或内耗，带来源源不断的痛苦，那么我们可以勇敢地放弃这段关系。这是一种对自己负责的表现，也是保护自己身心健康的重要方式。放弃关系并不意味着我们是失败者或逃避者，而是意味着我们有能力识别并摆脱不健康的关系，为自己创造更美好的未来。

比如，你的伴侣有暴力倾向，经常对你实施暴力，无论你怎么努力，对方都不愿意改变。在这种情况下，你应该果断地离开对方，保护自己的安全和幸福。

所以，当你无力改变对方时，要学会筛选关系。要么接纳对方，调整自己，求同存异，从心里放下不满；要么清理关系，以终止对方的行为，保护自己的身心健康。但是，千万不要一边无力改变，不忍割舍，又一边充满怨怼，充满不甘，这才是持续内耗自己的毒瘤。

记住，我们所做的一切，都不是为了制服对方，而是为了给自己一个交代。

写卡作业

最后，请完成我们的写卡作业，也就是觉察卡的第四步（见表 5.5）：请回顾上节作业中针对他人引发的内耗，你将选

表 5.5　觉察卡的第四步

事件日记：今天早上和丈夫吵架了。因为他又把脏衣服扔在床上，我很生气，跟他大吵一顿，他的态度非常让人生气，反过来责怪我小题大做		对应需求	内耗分类	可否降级	处理方式
内耗点 1	丈夫说我没事找事，让我觉得他不理解，无视我的情绪，我非常愤怒，感觉很受伤	被尊重，被理解	他人引发的精神内耗	可以（用过滤心法中的对等代入），降级为自我情绪内耗；或者：不可以（我要与他谈判，因为他的说话方式很影响我们的关系）	沟通方式：直言相告；设局方式：如果丈夫无法改正自己的说话方式，我会通过潜移默化的正面激励方式，影响他做出改变
	我期待他能听我说话，别跟我抬杠				
内耗点 2	我冲丈夫大吼一顿，把东西摔在地上，感觉自己又一次失控、歇斯底里，很懊恼，感觉很失败很无力，对自己很失望	自我实现	自我情绪内耗	可以，我意识到需要培养自己的情绪管理能力和沟通能力（或不可以，我目前情绪很糟糕，无法思考）	—
	我希望自己不要老是发火，不喜欢这样的自己				
备注	请根据你的实际情况填写内耗点和对应需求，如果有多个内耗点，可以继续添加并归类；归类为自我内耗的内耗点，不涉及沟通与设局				

择哪种告知方式来与对方沟通？如果需要实质行动设局对方，你会选择哪种设局方式？

通过写卡练习，你可以更加清晰地了解自己的内耗点、需求和对应的处理方式。记得，面对他人引发的内耗，勇敢追责和筛选关系是关键步骤。下一节，我们将会总结如何面对自我，实现真正的自我提升，从而终结内耗。

第五节 面对自己：接纳在前，成长在后

我们总是无法控制别人会对我们做什么，也无法控制很多事情的发展。但幸运的是，我们能够通过自我训练提升思维高度，拓展认知，改变看待问题的视角。这样，我们就能够让自己不被外界牵制，从而掌控自己，获得真正的自由。

所以，本节我们就来探讨反内耗的终极课题：当我们无力改变现状时，如何从自我内耗中获得新生？我们将分为两部分来探讨：先接纳，再成长。

自我接纳

自我接纳，这个词听起来简单，实践起来却并不容易。很多人误以为自我接纳就是对自己的一切都说“好”，其实不然。真正的自我接纳，是深刻理解并拥抱自己的全部，包括那

些不那么光鲜的部分。

◎ 接纳自己所有的负面情绪

当你感觉状态很糟糕时，或者在被别人激怒的时候，首先要做的并不是强迫自己要强大，强迫自己不可以有情绪，或者强迫自己大度宽容，而是接纳自己此刻的不强大，接纳自己此刻所有的负能量状态，包括沮丧、焦虑、恐惧、愤怒、委屈、疲惫。然后告诉自己："我感受到你了，我知道你现在很难过，我知道这种感觉不好受，但我允许自己有这样的情绪，因为这是我真实的感受。"

举个例子，假设你在工作中因为一个小失误而被上司批评，你感到非常沮丧和焦虑。这时，你不要急于否定自己的情绪，也不要强迫自己立刻振作起来。你可以先接纳自己的沮丧和焦虑，告诉自己："我现在感到很沮丧和焦虑，这是正常的反应，因为我在乎这份工作，在乎上司的评价。"当你接纳了自己的情绪后，会发现自己的情绪开始慢慢平复，思维也变得更加清晰。

真正的强大不是伪装出来的，而是从接纳自己的不完美开始，逐渐成长起来的。当你能够真诚地面对自己的情绪，不逃避、不压抑时，就已经迈出了自我接纳的重要一步。

◎ 接纳自己的无能为力

同时，我们也要学会接纳自己的无能为力。这包括我们无法改变他人、无法操控别人对我们的看法，也包括我们自身的许多不足。我们要允许自己不完美，意识到并且接纳自己需要成长。

比如，你可能发现自己在某些方面并不擅长，比如公众演讲或者社交场合。这时，你不要急于否定自己或者强迫自己去改变。你可以先接纳自己的不擅长，告诉自己："我现在并不擅长公众演讲或者社交场合，这是正常的，因为每个人都有自己的长处和短处。"然后，你可以开始寻找提升自己的方法，比如参加相关的培训课程或者多参与一些社交活动来锻炼自己。

只有先足够接纳自己的负面情绪和无能为力，才能够让自己更加平和，才有机会解除自我内耗。而解除自我内耗的实际行动就是对自己的情绪进行降温，即按照我们第三章的情绪降温法来帮助自己疏导情绪、恢复思考力。

在这里，我们需要强调一个要点：情绪降温并不是只有在与对方进行谈判后才可以进行。任何时候，只要你感觉到自己的情绪开始膨胀，都可以及时地使用情绪降温法。因为在情绪膨胀时，你很难理智地与对方进行有效沟通。所以，你可以先让情绪得到梳理，然后再次进行内耗归类，选择与对方追责还是转化自我能力提升。

自我成长

只有先足够接纳自己，才有机会成长。而成长的关键在于要具备稳定的内核能力和持续的自我培养意识。

◎ 稳定的内核能力

内核能力即面临外界冲突或各种情绪困扰时，你都能够迅速识别到内在的情绪和需求，并且能够及时对自己的内耗点进行归类、降级过滤、追责筛选以及进行及时的降温处理。也就是我们整本书中给到的完整的思维体系，需要经过刻意训练塑造为自己的内核能力。

比如，你在工作中经常因为一些工作细节而与同事产生分歧，这时也可以刻意训练自己的内核能力。在每次分歧过后，都提醒自己进行内耗点的归类和追责筛选。你可以思考："这次分歧是因为同事的某些做法不符合我的预期，还是因为自己的某些职业需求或期望没有得到满足？我是否可以对同事的工作方式给予理解和包容，接纳他的不同意见？如果有必要，我要以怎样的方式表达观点和需求？我还可以具体做什么来达成共识？"然后，你可以与同事进行更加有效的沟通，明确表达自己的立场和期望，从而减少无谓的分歧和内耗，共同推动项目的顺利进行。

通过这样的刻意训练，你会逐渐发现自己的内核能力在提升。你会更加迅速地识别到内在的情绪和需求，更加及时地对内耗点进行归类、降级过滤和追责筛选。同时，你也会更加善于运用情绪降温法来疏导自己的情绪，恢复思考力。这样一来，你就能够在面临外界冲突或各种情绪困扰时，更加从容地应对，减少无谓的内耗。

◎ 持续的自我培养意识

要建立持续的自我培养意识，首先需要明确自己的成长目标和方向。比如，你可以设定一个长期目标，提升自己的领导能力或者学习一门新的技能。然后将这个长期目标分解为一系列具体的短期目标，比如每个月读一本关于领导力的书或者每周参加一次技能培训课程。

同时，你也需要保持对新知识、新技能的好奇心和求知欲。你可以关注一些行业内的知名网站、博客或者社交媒体账号，及时获取最新的行业资讯和动态。你也可以参加一些行业内的交流活动或者研讨会，与同行们分享经验、交流心得。比如，作为一名市场营销人员，你希望提升数字营销能力。这时，你可以设定一个长期目标，比如成为公司数字营销团队的负责人。然后，你可以将这个长期目标分解为一系列具体的短期目标，每个月学习一种新的数字营销工具或者技巧，每个季度参与一次数字营销相关的研讨会或者培训课程。

通过这样的持续自我培养，你会逐渐发现自己的能力在不断提升。你会更加擅长应对各种市场营销挑战，更加善于运用数字营销工具来推动业务增长。同时，你也会更加自信、更加有成就感，因为你在不断成长、不断进步。

最后，我想说的是，只有我们具备足够强大的能力时，才能够从根本上终结所有内耗。这也是我在这本书中想要传达给你的核心理念。所以，请务必保持持续的自我培养意识，不断提升自己的能力。

在电影《哈利·波特》中，哈利从一个被欺负的小男孩逐渐成长为一位勇敢的魔法师。他面对恐惧和不足，并没有厌弃自己，而是选择了自我接纳，并通过不断学习和挑战，最终战胜了邪恶势力。这一剧情深刻体现了自我接纳与成长的力量。

写卡作业

最后，请完成我们的写卡作业，也就是觉察卡的第五步（见表 5.6）：前边作业的内耗事件中，最终发现自己存在什么弱点？计划如何培养自己？

表 5.6　觉察卡的第五步

事件日记：今天早上和丈夫吵架了。因为他又把脏衣服扔在床上，我很生气，跟他大吵一顿，他的态度非常让人生气，反过来责怪我小题大做		对应需求	内耗分类	可否降级	处理方式
内耗点 1	丈夫说我没事找事，让我觉得他不理解，无视我的情绪，我非常愤怒，感觉很受伤	被尊重，被理解	他人引发的精神性的损耗	可以（用过滤心法中的对等代入），降级为自我情绪内耗；或者：不可以（我要与他谈判，因为他的说话方式很影响我们的关系）	沟通方式：直言相告
	我期待他能听我说话，别跟我抬杠				设局方式：如果丈夫无法改正自己的说话方式，我会通过潜移默化的正面激励方式，影响他做出改变

续表

事件日记：今天早上和丈夫吵架了。因为他又把脏衣服扔在床上，我很生气，跟他大吵一顿，他的态度非常让人生气，反过来责怪我小题大做		对应需求	内耗分类	可否降级	处理方式
内耗点 2	我冲丈夫大吼一顿，把东西摔在地上，感觉自己又一次失控、歇斯底里，很懊恼，感觉很失败很无力，对自己很失望	自我实现	自我情绪内耗	可以，我意识到需要培养自己的情绪管理能力和沟通能力； 或者：不可以，我目前情绪很糟糕，无法思考	降温技巧：降温七步曲，转化为行动。①接纳自己此刻的愤怒和受伤情绪，告诉自己这是正常的反应。②分析情绪的来源，意识到是因为丈夫的行为触发了我的不满和焦虑。③调整认知，意识到丈夫没有收拾衣服可能只是习惯问题，而并非不在乎我。④寻找解决方案，采取了行动，和丈夫进行对话，表达了我的感受和期望
	我希望自己不要老是发火，不喜欢这样的自己				⑤审视自己的弱点：自我价值感缺失。⑥提升情绪管理能力、心智能力 ⑦计划如何培养自己：阅读关于自我成长和情绪管理的书，比如《自控力》和《情绪智慧》。同时，参加一些相关的课程或工作坊，学习更多的实用技巧和方法。在日常生活中，刻意练习这些技巧
备注	请根据你的实际情况填写内耗点和对应需求，如果有多个内耗点，可以继续添加并归类； “处理方式”一列中，模板相对简略仅当作演示，可根据自身实际情况详细展开				

通过写卡作业，你可以更加深入地理解自己的内耗点和对应需求，也可以更加明确地制订出自己的成长计划和行动步骤。只有先足够接纳自己，才有机会成长。而成长的关键在于要具备稳定的内核能力和持续的自我培养意识。所以，请务必保持对自己的关注和投资，不断提升自己的能力，从根本上终结所有内耗。